GUIDE DU PROMENEUR

AU

JARDIN ZOOLOGIQUE

D'ACCLIMATATION

CONTENANT :

UNE SÉRIE DE NOTICES EXPLICATIVES SUR TOUS LES ANIMAUX
ET LES VÉGÉTAUX QUI Y EXISTENT, AVEC L'INDICATION
DE LEUR PATRIE, DE LEURS MOEURS
ET DE LEURS USAGES.

PRIX : 1 FRANC

SE VEND

AU JARDIN ZOOLOGIQUE D'ACCLIMATATION
DU BOIS DE BOULOGNE

OCTOBRE 1861

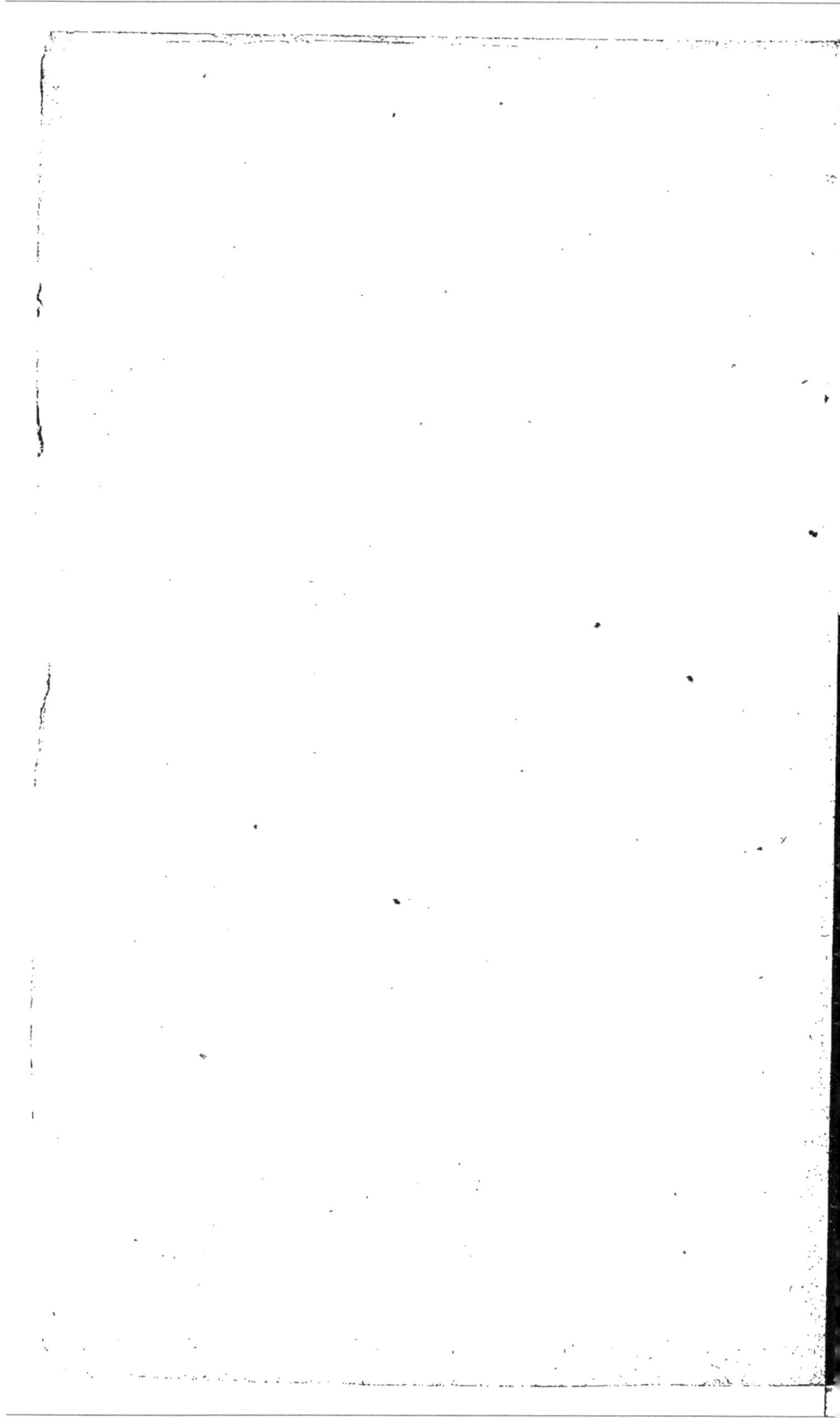

GUIDE DU PROMENEUR

AU

JARDIN ZOOLOGIQUE

D'ACCLIMATATION

PARIS. — IMPRIMERIE DE SOYE ET BOUCHET

2, PLACE DU PANTHÉON, 2

GUIDE DU PROMENEUR

AU

JARDIN ZOOLOGIQUE

D'ACCLIMATATION

CONTENANT :

UNE SÉRIE DE NOTICES EXPLICATIVES SUR TOUS LES ANIMAUX
ET LES VÉGÉTAUX QUI Y EXISTENT, AVEC L'INDICATION
DE LEUR PATRIE, DE LEURS MOEURS
ET DE LEURS USAGES.

PRIX : 1 FRANC

SE VEND

AU JARDIN ZOOLOGIQUE D'ACCLIMATATION
DU BOIS DE BOULOGNE

OCTOBRE 1861

AVERTISSEMENT.

Nous avons rangé, dans ce petit livre, les animaux à peu près dans l'ordre des familles naturelles; mais comme il aurait été impossible de suivre ce même ordre dans l'arrangement du Jardin, à cause des fréquents changements de place qu'exige la santé des animaux, l'Administration, pour faciliter les recherches, a fait placer, sur chaque enclos ou parc, une étiquette portant le nom de l'animal en français et en latin. Ainsi, pour trouver dans ce *Guide* la description de l'animal qu'il désire étudier, le lecteur n'aura qu'à chercher le nom de cet animal à la table alphabétique, à la fin du volume. D'ailleurs, la notice qui suit cet avertissement fait connaître succinctement la topographie du Jardin, et les parties plus spécialement consacrées à telle ou telle classe d'animaux.

P. Vavasseur,

Docteur en médecine de la Faculté de Paris,
Membre de la Société impériale zoologique d'acclimatation.

SOCIÉTÉ IMPÉRIALE ZOOLOGIQUE D'ACCLIMATATION.

JARDIN ZOOLOGIQUE

D'ACCLIMATATION

DU BOIS DE BOULOGNE.

Président d'honneur :

Son Altesse Impériale le prince NAPOLÉON.

Conseil d'administration.

MM.

Le baron JAMES DE ROTHSCHILD, *Président honoraire.*

ISIDORE GEOFFROY ST-HILAIRE, de l'Institut, *Président*

Le prince M. DE BEAUVAU, député,

DROUYN DE LHUYS, de l'Institut,

FRÉDÉRIC JACQUEMART, } *Vice-Présidents.*

ANTOINE PASSY,

Le comte d'ÉPRÉMESNIL, membre du Conseil général de l'Eure, *Secrétaire général.*

A. Duméril, professeur-administrateur
au Muséum d'histoire naturelle,   } *Secrétaires.*

E. Dupin, inspecteur des chemins de fer,

Ernest André, député au Corps législatif.

Paul Blacque, banquier.

Blount, banquier, administrateur des chemins de fer.

J. Cloquet, de l'Institut.

Cosson, secrétaire de la Société botanique de France.

Coste, de l'Institut.

F. Davin, manufacturier.

Debains, propriétaire.

Le duc de Fitz-James.

Flury-Hérard, consul général de Perse, banquier du
Corps diplomatique.

Gervais (de Caen), directeur de l'École supérieure de
commerce.

Moquin-Tandon, de l'Institut.

Michel Poisat.

Pomme, ancien agent de change.

Le vicomte de La Rochefoucauld.

Le baron Alphonse de Rothschild.

Ruffier, ancien agent de change.

Rufz de Lavison, ancien président du Conseil généra
de la Martinique, directeur du Jardin d'acclimatation.

Le baron de Saint-Pierre.

Le baron Séguier, de l'Institut.

Paul Séguin.

Le marquis de Selve, membre du Conseil général de
Seine-et-Oise.

Le comte de Sinety.

Le marquis DE TORCY.
Le marquis DE VIBRAYE.
Le prince DE WAGRAM.

Membres adjoints.

DE BELLEYME, juge au tribunal de la Seine.
GUÉRIN-MÉNEVILLE, membre de la Société impériale et centrale d'agriculture.
DE MONTIGNY, consul général de France en Chine.
RICHARD (du Cantal).
Le marquis SÉGUIER.

Direction.

Le docteur RUFZ DE LAVISON, *Directeur.*
ALBERT GEOFFROY SAINT-HILAIRE, *Directeur adjoint.*
LINDEN, *Directeur des cultures botaniques.*
H. COURNOL, *Agent comptable.*
JULES PINÇON, *Caissier.*
ANTOINE QUIHOU, *Jardinier en chef.*
ALEXANDRE MERCIER, *Inspecteur surveillant.*

DAMES PATRONNESSES

Mme DELANGLE.

Mme DOAZAN.

Mme DROUYN DE LHUYS.

Mme DUMAS.

Mme Auguste DUMÉRIL.

Mme Eugène DUPIN.

Mme la comtesse D'ÉPRÉMESNIL.

Mme la princesse D'ESSLING.

Mme la duchesse DE FITZ-JAMES.

Mme FLEURY.

Mme FLURY-HÉRARD.

Mme Achille FOULD.

Mme FURTADO.

Mme la vicomtesse DE GALARD.

Mme GAREAU.

Mme GAUDIN.

Mme la duchesse HAMILTON.

Mme la baronne HAUSSMANN.

Mme la marquise D'HAUTPOUL.

Mme HEINE.

Mme Frédéric JACQUEMART.

Mme la duchesse DE MAILLE.

Mme MARQUÈS DE LISBOA.

Mme DE MAUPASSANT.

Mme la princesse DE METTERNICH.

Mme la comtesse DE MNIEZECH.

Mme MOITESSIER.

Mme Remy DE MONTIGNY.

Mme MOQUIN-TANDON.

Mme la comtesse DE MOSBOURG.

Mme la comtesse D'ORAISON.

Mme la duchesse DE PADOUE.

Mme PAILLARD DE VILLENEUVE.

Mme la vicomtesse DE PAÏVA.

Mme Antoine PASSY.

Mme Isaac PÉREIRE.

Mme la comtesse DE PERSIGNY.

Mlle Laure POMME.

Mme la comtesse DE POURTALÈS.

Mme la comtesse Constance DE RAYNEVAL.

Mme la marquise DE ROCCAGIOVINE.

Mme la vicomtesse DE LA ROCHEFOUCAULT.

Mme la baronne DE LA ROCHETTE.

Mme Firmin ROGIER.

Mme la baronne DE ROMAN KAÏSAREFF.

Mme la baronne James DE ROTHSCHILD.

Mme la baronne Alphonse DE ROTHSCHILD.

Mme ROUHER.

Mme DE ROYER.

Mme RUFFIER.

Mme RUFZ DE LAVISON.

Mme la baronne DE SAINT-DIDIER.

Mme la maréchale DE SANTA-CRUZ.

Mme Jules DE SAUX.

Mme SCHNEIDER.

Mme la baronne SEEBACH.

Mme la marquise SÉGUIER DE SAINT-BRISSON.

Mme Paul SÉGUIN.

Mme la marquise DE SELVE.

Mme la comtesse DE SINETY.

Mme la duchesse DE SOTOMAYOR.

Mme la princesse STOURDZA.

Mme la vicomtesse TERRAY DE MOREL-VINDÉ.

Mme THOUVENEL.

Mme TROPLONG.

Mme la duchesse DE VALENÇAY.

Mme la marquise DE VIBRAYE.

Mme la comtesse WALEWSKA.

Mme la baronne DE WENDLAND.

NOTICE

LE JARDIN ZOOLOGIQUE

D'ACCLIMATATION.

Le Jardin zoologique du bois de Boulogne est destiné « à appliquer et propager les vues de la Société
« impériale zoologique d'acclimatation, avec le concours
« et sous la direction de cette Société ; par conséquent
« à acclimater, multiplier et répandre dans le public
« toutes les espèces animales ou végétales qui sont ou
« qui seraient nouvellement introduites en France et
« paraîtraient dignes d'intérêt par leur utilité ou par
« leur agrément. » (Art. 2 de l'arrêté de concession.)
Le Jardin zoologique du bois de Boulogne est donc
l'école pratique de l'enseignement et des expériences
de la Société impériale d'acclimatation. C'est la réalisa-
tion de son programme. Dès l'origine de cette Société,
10 mai 1854, ses fondateurs annoncèrent dans les statuts que, pour atteindre le but qu'ils se proposaient, la
création d'établissements spéciaux était indispensable.
C'est qu'en effet il ne suffit pas de transporter les ani-

maux et les végétaux d'un pays dans un autre, pour
les y acclimater ; il faut encore qu'ils y trouvent les
conditions sans lesquelles ils ne sauraient vivre, une
hospitalité convenable, un climat approprié à leur
constitution et des soins intelligents. Or, c'est là ce
qui a trop souvent fait défaut dans le passé ; et ce serait une longue et triste liste que celle des animaux et
des végétaux exotiques qui, importés en Europe ou
ailleurs, n'y ont eu qu'une existence éphémère et
n'y ont même pas laissé de souvenir. Ainsi ce n'est
point assez que des hommes animés de l'amour du
bien public scrutent les divers pays du globe pour
enrichir nos jardins, nos champs et nos bois, il faut
que leur œuvre soit accueillie et continuée par d'autres non moins zélés, et, ce qui est aussi essentiel,
qu'elle trouve des conditions matérielles qui en assu-
rent la réussite.

Dans cette vue, quelques établissements furent créés
dans les Alpes et en d'autres lieux par les soins des
Sociétés régionales d'acclimatation établies à Grenoble
et à Nancy, et en Auvergne, par la Société mère elle-
même, qui possède dans le département du Cantal la
ferme dite de Souillard, important dépôt d'animaux.
Mais cette localité n'est propre qu'à l'élevage des animaux de montagne, et, pour les autres espèces, la Société impériale d'acclimatation n'avait pu qu'entreprendre, chez quelques-uns de ses membres, des essais
faits sur une trop petite échelle pour donner de grands
résultats, loin d'ailleurs de la surveillance et des
moyens d'action de la Société. Tout le monde comprit
que c'était à Paris, siége de la Société, rendez-vous

général des hommes éclairés de tous les pays, centre de toutes les grandes impulsions, que devait être l'établissement capital de la Société. On fit appel au principe de l'association, si fécond en grands résultats ; une souscription fut ouverte au capital d'un million, et divisée en 4,000 actions. Plus de la moitié de ces actions fut souscrite par les membres de la Société d'acclimatation qui, après avoir conçu la pensée du Jardin, voulurent encore le doter richement.

S. M. l'Empereur et S. A. I. le prince Napoléon honorèrent l'entreprise de leur haut patronage.

Dès l'année 1858, une concession de quinze hectares et demi avait été faite dans le bois de Boulogne, par la ville de Paris, à cinq membres du bureau de la Société : MM. Isidore Geoffroy Saint-Hilaire, président de la Société, le prince Marc de Beauveau, Drouyn de Lhuys, Antoine Passy, vice-présidents, et le comte d'Éprémesnil, secrétaire général.

L'Empereur voulut bien, de sa main, agrandir le tracé de cette concession, et en porta les limites jusqu'à près de vingt hectares.

Après les études préparatoires faites par M. Davioud, architecte de la ville, et approuvées par un conseil composé de trente-quatre des principaux actionnaires, on se mit à l'œuvre en juillet 1859. La direction des travaux fut d'abord confiée, sous la surveillance d'un Comité choisi parmi les membres du conseil d'administration, à l'habile directeur du Jardin zoologique de Londres, M. Mitchell, qui était venu offrir ses services pour l'établissement du nouveau Jardin. Une mort soudaine ayant enlevé M. Mitchell, après quelques mois (le 1er novembre 1859), le Comité s'est chargé lui-même de diriger les travaux. Ce Comité se composait, avec les cinq membres du bureau concessionnaire, de MM. E. André, Debains, Frédéric Jacquemart, Pomme, Ruffier, le comte de Sinety et Albert Geoffroy Saint-Hilaire, secrétaire du Comité, qui fut chargé, en cette qualité, de la direction provisoire.

MM. Debains, Jacquemart et Albert Geoffroy Saint-Hilaire s'occupèrent plus particulièrement des plans et de leur exécution; MM. Isidore Geoffroy Saint-Hilaire, Pomme, le comte d'Éprémesnil et Albert Geoffroy Saint-Hilaire, de la formation du premier noyau de la collection des animaux.

Les travaux pour les constructions restèrent confiés à M. Davioud; et pour les dessins et la disposition du Jardin, M. Barillet-Deschamps, architecte paysagiste du bois de Boulogne, sous la haute direction de M. Alphan, ingénieur en chef des promenades et plantations de la ville de Paris, prêta à l'entreprise le concours de sa grande expérience.

Quinze mois avaient suffi à l'accomplissement des travaux; et un monument, suivant l'expression d'un des zélés fondateurs de l'entreprise, M. Drouyn de Lhuys, « était élevé à la zoologie et à la botanique [1]. »

Le 1er août 1860, M. le docteur Rufz de Lavison, ancien président du Conseil général de la Martinique, fut nommé directeur du Jardin et chargé de l'organisation des services; et à M. Albert Geoffroy Saint-Hilaire, directeur adjoint, fut confié spécialement ce qui con-

---

[1] Discours à la séance solennelle de février 1860.

cerne l'installation, l'hygiène, l'éducation et la propagation des animaux.

Le 6 octobre, S. M. l'Empereur voulut bien honorer de sa présence l'inauguration du Jardin, et le public y fut admis le 9 du même mois.

Le Jardin zoologique est situé dans cette partie du bois de Boulogne qui s'étend entre la porte des Sablons et la porte de Madrid, le long du boulevard Maillot, dont il est séparé par le saut de loup et par le chemin dit des Érables. Il a la forme d'une longue ellipse. A l'extrémité Est, près de la porte des Sablons, se trouve l'entrée principale ; et à l'extrémité Ouest, près de la porte de Madrid, une entrée sur Neuilly.

Le plan général est un vallon à pentes insensibles, dont le milieu est occupé par une rivière qui, sur plusieurs points de son parcours, s'élargit en bassins où s'ébattent en liberté les oiseaux d'eau les plus variés.

Le côté droit (ou nord), en entrant, dont les constructions regardent le midi, a été réservé aux animaux habitués à de douces températures. C'est là qu'on voit la magnanerie pour les diverses sortes de vers à soie, dont l'introduction en Europe est due à la Société d'acclimatation ; vers à soie du ricin, de l'ailante et du chêne placés à côté des vers du mûrier. Les dispositions adoptées permettent au public d'étudier ces animaux sans leur nuire. Autour de la magnanerie sont des plantations de mûriers, d'ailantes, de ricins et de chênes.

Plus loin on trouve la grande volière, composée de 21 logements, chacun avec un parquet, et de deux pavillons carrés en grillages ; derrière est une infirmerie

pour les oiseaux, et à côté trois parquets d'élevage pour
les couvées de prix. On passe après à la poulerie con-
tenant 31 logements avec autant de parquets devant et
derrière. Cette poulerie est un vaste monolithe cir-
culaire obtenu par le ciment Coignet, imperméable à
l'humidité, et ne laissant aucune fissure où les insectes
puissent se loger.

Puis vient le bâtiment des gardes.

Le grand bâtiment qui est au centre du Jardin renferme les écuries partagées en dix boxes pour les grands
mammifères, hémiones, zèbres, yaks, zébus, ta-
pirs, etc., etc. Au centre de ce bâtiment est un pavil-
lon à balcon, dont le rez-de-chaussée est occupé par le
buffet; le premier étage est destiné aux exhibitions des
représentations d'animaux et de plantes par MM. les
peintres et sculpteurs qui voudront y exposer leurs
œuvres; derrière est une infirmerie pour les mammifères et le logement de leur gardien.

Le côté gauche du Jardin (ou sud) présente, en remontant des grandes écuries vers l'entrée, un rucher
où l'on peut voir le travail des différentes espèces d'a-
beilles et les différentes sortes de ruches où s'accomplit
ce travail; un Jardin d'essai pour les plantes nouvellement introduites et l'aquarium, établissement d'un
genre nouveau, construit sous la direction de M. Lhoyd,
qui jouit pour ces sortes de travaux d'une réputation
spéciale. Cet aquarium, beaucoup plus considérable
que celui de Londres, consiste en 14 bacs de $1^m,80$
de long sur 1 mètre de large chacun, fermés par
des glaces à travers lesquelles on peut observer les animaux marins ou d'eau douce les plus intéressants et

les plus singuliers, et étudier les mouvements et les mœurs de ces êtres qu'on n'avait guère vus jusqu'à présent que dans les armoires des musées. Les bacs que l'on voit, dans le même bâtiment, à côté de l'aquarium, sont des appareils de pisciculture.

A l'aide d'une machine à pression disposée derrière cet aquarium, l'eau de mer est distribuée dans les divers compartiments, puis reprise, revivifiée, ramenée à une température convenable et rendue propre à la vie des animaux.

Viennent ensuite les fabriques destinées aux mammifères, cerfs, antilopes, lamas, moutons, chèvres, kangurous, etc., etc. Ces fabriques, et d'autres que l'on aperçoit en diverses parties du Jardin, et qui servent de logement aux grands échassiers, sont entourées de plus de soixante parcs enclos d'un grillage léger et solide, qui tout en retenant les animaux, leur permettent de courir en liberté, de porter leurs regards dans l'épaisseur du bois de Boulogne et de se croire au milieu de leurs forêts natales.

Au centre de l'un de ces parcs s'élève un rocher artificiel percé, à sa base, d'une grotte qui sert de passage et de lieu de repos pour les promeneurs, et dont le sommet présente souvent des mouflons à manchettes et des mouflons de Corse qui s'y suspendent pittoresquement.

Le grand bâtiment vitré que l'on voit, en retour, à gauche près de l'entrée principale, renferme la grande serre ou jardin d'hiver; c'était autrefois la serre des frères Lemichez, admirée par la population parisienne au village de Villiers, sous le nom de palais des Fleurs.

Cette serre a été agrandie et embellie depuis sa trans-
plantation au Jardin zoologique. Un salon de lecture
et un buffet en occupent l'une des extrémités ; à l'autre
est l'entrée principale indiquée par la marquise qui la
recouvre. Les petites serres que l'on voit alentour sont
des serres de reproduction destinées à l'entretien de la
grande.

Cette installation de serres n'avait pas été primitive-
ment comprise dans le plan du Jardin. C'est à une
souscription particulière que l'établissement doit cet
embellissement destiné à conserver aux yeux le plaisir
des fleurs et de la végétation, alors que tous les autres
jardins en sont dépouillés. L'exploitation de ces serres,
où l'on pourra se procurer toutes les espèces exposées
à la vue, a été affermée à M. Linden, l'un des plus
grands introducteurs de plantes exotiques en Europe.

S. M. l'Impératrice a bien voulu assister à l'inauguration des serres le 15 février 1861, et le lendemain,
elles ont été ouvertes au public.

Des conférences pendant la saison d'été faites par
ceux de MM. les membres de la Société d'acclimatation
qui veulent bien prêter leur concours à l'œuvre, font
connaître le but que se propose la Société, tiennent au
courant des expériences en voie d'exécution, et fournissent sur les animaux et les plantes qui se trouvent
au Jardin tous les renseignements utiles à leur acclimatation.

Tel est présentement le Jardin zoologique du bois de
Boulogne [1]. Mais pour compléter la pensée de ses fon-

---

[1] Le Jardin zoologique n'a pas entrepris d'acclimater dans

dateurs et répondre à la bienveillance dont il a été constamment honoré par l'Empereur, le Jardin zoologique d'acclimatation, sans s'écarter du but spécial qu'il se propose, veut prendre une part immédiate dans les grands services que le règne de Napoléon III rend chaque jour à l'agriculture française ; c'est dans ce but que l'administration du Jardin vient d'obtenir, en addition à ses statuts, le droit *de répandre, par des*

les limites de l'espace qu'il occupe, au bois de Boulogne, tous les animaux et toutes les plantes utiles que contient l'Univers; ce Jardin n'est qu'un exemple de ce qui peut être tenté dans cette voie. En plaçant sous les yeux du public, comme dans une montre d'étalage, les richesses nouvelles qu'il est possible d'acquérir, on espère inspirer par leur vue aux personnes éclairées le désir de tenter, en d'autres lieux du monde, de semblables essais. Il est à souhaiter que dans les principales villes de la France et de l'étranger, surtout dans les villes maritimes et dans les localités de plaines et de montagnes, il soit créé de semblables jardins qui soient pour ces villes tout à la fois des établissements d'utilité et d'agrément. Les études d'acclimatation se feraient ainsi dans les conditions climatologiques les plus diverses ; ce qui est le seul moyen de savoir quels sont les sols et les climats les plus favorables à telles ou telles espèces végétales ou animales. Des Jardins d'acclimatation ainsi échelonnés dans toute la France ou plutôt dans tout l'Univers constitueraient une sorte d'association cosmopolite dont les grandes capitales seraient les centres. Ils serviraient d'intermédiaires pour se procurer sûrement et avec facilité les espèces dont on voudrait expérimenter l'acclimatation, suppléeraient à l'insuffisance individuelle des particuliers, favoriseraient merveilleusement les échanges et seraient tout à la fois des stations d'attente, des écoles d'expériences, des marchés effectifs et des agences de renseignements.

expositions et des ventes, les animaux et les végétaux de choix, d'origine française et étrangère. Car le perfectionnement des espèces déjà acquises lui a toujours paru aussi important que l'acclimatation des espèces nouvelles ; et elle estime que transporter dans les provinces du Midi ou de l'Est les belles races bovines, ovines et chevalines qui font la richesse de celles du Nord ou de l'Ouest, c'est encore acclimater. Pour atteindre ce but, les projets d'une grande vacherie, d'une bergerie et d'une porcherie, et même d'un chenil (on se plaint généralement que les bonnes races de chiens disparaissent), sont à l'étude.

Tel sera le complément du Jardin zoologique du bois de Boulogne, créé, comme l'a si bien dit M. Isidore Geoffroy Saint-Hilaire, avec le concours de tous, dans l'intérêt de tous, et j'ajouterai, placé à la garde de tous.

Le Directeur,

RUFZ DE LAVISON.

MAMMIFÈRES.

I. PACHYDERMES.

CHEVAL DOMESTIQUE. (Equus caballus,)

Allemand : *Das Pferd.* — Anglais : *The Horse.* — Espagnol : *El Caballo.*
Italien : *El Cavallo.*

1. RACE NAINE DES ILES SHETLAND.

(EQUUS PUSILLUS SHETLANDICUS.)

Allemand : *Das Shetlandische Pferd.* — Anglais : *The Shetland Poney.* — Espagnol :
El Caballo enano Shetlandense. — Italien : *Il Cavallo dell' isole di Shetland.*

Cette race, la plus petite que l'on connaisse, vit à demi-sauvage dans les vastes marécages des îles du nord de l'Écosse et spécialement des Shetland. Ces animaux sont vifs, ardents, capables de supporter les plus grandes fatigues, d'une sobriété extrême et presque insensibles aux intempéries.

2. RACE NAINE DE JAVA.

(EQUUS PUSILLUS JAVANENSIS.)

Allemand : *Das javanische Pferd.* — Anglais : *The Javan Poney.* — Espagnol :
Il Caballo enano Javanense. — Italien : *Il Cavallo dell' isola di Java.*

Cette petite race, des îles de la Sonde et particulièrement de Java, sert à transporter des fardeaux proportionnés à sa force, qui est moindre que celle du poney des Shetland.

De ces deux animaux est né, au Jardin, un très-joli poulain.

2

DAUW ou ZÈBRE DE BURGHELL. (Equus burchellii.)

Anglais : *The Burchell's Zebra.* — Espagnol : *La Cebra de Burchell.* — Italien :
Il Cavallo Zebra di Burchell.

Cet animal, propre aux parties montagneuses de l'Afrique du Sud et principalement aux environs du cap de Bonne-Espérance, moins svelte que l'hémione, dont il s'éloigne d'ailleurs par la couleur de sa robe et par la brièveté de ses oreilles, est remarquable par le grand développement de ses masses musculaires et par sa vigueur. Il est moins zébré que le zèbre proprement dit, mais plus que son congénère le couagga qui habite les mêmes contrées. On est parvenu, au Cap, à le dompter, et l'individu que possède le Jardin est parfaitement dressé, et se laisse conduire avec la plus grande docilité.

Une paire de ces animaux qui a existé au Muséum d'histoire naturelle s'y est reproduite jusqu'à la troisième génération. Dès la seconde, leur acclimatation était complète, et l'on a vu, pendant l'hiver si rigoureux de 1829-1830, l'un d'eux, né en France, couché sur la neige, par un froid de 16 degrés au-dessous de zéro, sans paraître en être le moins du monde incommodé.

HÉMIONE. (Equus hemionus.

Allemand : *Das Dschiggetai* oder *Hemionus.* — Anglais : *The Dziggetai.* — Espagnol : *El Hemione.* — Italien : *Il Cavallo emione.*

Ces animaux proviennent du Muséum d'histoire naturelle, où ils sont nés.

L'hémione vit en troupes, composées d'un mâle et d'une vingtaine de femelles ou de jeunes individus, dans les vastes déserts de la Tartarie orientale, dans le pays de Cutch, au-delà du Guzurate et en Perse. Sa vélocité à la course est si grande qu'elle est passée en proverbe dans les pays qu'il habite.

Une défiance extrême, une pétulance et une mobilité presque continuelles, traits principaux du caractère de cet animal, ont fait regarder longtemps sa domestication comme impossible ; cependant, à la ménagerie du Muséum, il n'a fallu que quelques mois pour dompter et pour dresser parfaitement au travail plusieurs de ces animaux; aujourd'hui, ceux du Jardin, attelés à un élégant char à bancs, font, dans Paris, toutes les commissions de l'établissement.

Le premier individu vivant qui ait paru en France était une femelle envoyée, en 1835, à la ménagerie du Muséum par M. Dussumier. En 1838, le même voyageur fit parvenir à cet établissement un mâle et une femelle adultes. Depuis lors, ces animaux y ont vécu, et s'y sont régulièrement reproduits. Des croisements avec des ânesses ont été essayés au Muséum dès 1840, et ont donné pour résultats des métis participant des caractères du père et de la mère. L'hémione et ses métis sont appelés à prendre rang parmi nos animaux auxiliaires, entre le cheval et l'âne.

Les Tartares sont très-friands de sa chair, qu'ils préfèrent à celle du cheval; et sa peau, d'excellente qualité, est employée à faire des chaussures d'une grande solidité.

MÉTIS D'HÉMIONE & D'ANESSE.

Don de MM. Audy et Debains.

Ces animaux très-remarquables, obtenus en France et provenant des individus qui existent à la ménagerie du Muséum d'histoire naturelle de Paris, sont susceptibles de rendre d'excellents services comme bêtes de somme et de trait. Celui qu'a offert M. Audy lui a servi longtemps de cheval de cabriolet et était la monture ordinaire de son fils, enfant de dix à douze ans.

TAPIR D'AMÉRIQUE. (Tapirus americanus.)

Allemand : *Der Tapir.* — Anglais : *The Mborebi* or *Tapir.* — Espagnol : *El Anta.* — Italien : *Il Tapiro Anta.*

Donné par M. Bataille.

Le tapir se trouve dans toute l'Amérique du Sud, et surtout dans les Guyanes, au Brésil et au Paraguay. Il vit ordinairement solitaire dans l'intérieur des grandes forêts et ne sort guère que la nuit pour chercher sa nourriture, qui consiste en fruits, en racines et en substances végétales.

Naturellement doux et timide, cet animal, pris jeune, s'apprivoise facilement et devient tout-à-fait familier. Considéré longtemps comme un objet de curiosité, le tapir a vécu très-bien en Europe, mais ne s'y est jamais reproduit. Daubenton le premier a appelé l'attention sur les avantages qui pourraient résulter de l'acclimatation de cet animal, dont le cuir est meilleur même que celui du bœuf et dont la chair, fort bonne à manger, est très-recherchée au Brésil et à la Guyane. Depuis lors, M. Isidore Geoffroy Saint-Hilaire, dans son excellent ouvrage sur la domestication et la naturalisation des animaux utiles, dit, en parlant du tapir : « C'est près du cochon que se place le tapir par ses rapports naturels: c'est près de lui aussi qu'il se placerait par ses usages. Ce pachyderme est tout aussi aisé à nourrir que le cochon, et peut de même donner une chair abondante, de bonne qualité et d'autres produits alimentaires. »

PÉCARI A COLLIER. (DICOTYLES TORQUATUS.)

Allemand : *Der gernigalse Nabelschwein.* — Anglais : *The Pecari.* — Espagnol : *El Tajasú ó Jabalí con collar.* — Italien : *Il Dicotile con collaro.*

Donné par M. Bataille.

Propre à l'Amérique du Sud et commun au Paraguay et à la Guyane, le pécari a la forme et les apparences extérieures d'un jeune sanglier ; mais il est beaucoup plus petit. Il vit dans les bois, par paires ou en petites troupes, et se retire dans le creux des arbres ou dans les trous creusés par d'autres animaux, où la femelle dépose ordinairement deux petits. Il se nourrit comme le cochon, de fruits et de racines, qu'il déterre avec son grouin allongé et très-mobile.

Très-facile à apprivoiser, cet animal vit en bonne intelligence avec les animaux de basse-cour, comme l'a prouvé un couple qui a existé longtemps à la ménagerie du Muséum. M. La Luzerne, gouverneur de Saint-Domingue, avait commencé à le naturaliser dans cette île quelque temps avant la Révolution.

La chair du pécari est tendre et de bon goût ; mais il faut avoir soin, au moment où on tue l'animal, d'enlever une glande qu'il porte à la région lombaire, et qui laisse suinter une humeur d'une odeur fort désagréable.

DAMAN DU CAP. (Hyrax capensis.)

Allemand : *Der Klippendachs.* — Anglais : *The Klip-Das.* — Espagnol : *La Marmota del Cabo.*

Don de S. Exc. Sir Georges Grey.

Cet animal, de la taille de la marmotte, à laquelle il ressemble assez bien au premier aspect, habite la côte orientale de l'Afrique et s'étend jusqu'en Abyssinie et dans la Terre-Sainte. On croit généralement que c'est l'animal indiqué dans la Bible sous le nom de *saphan.* Il se tient de préférence dans les lieux rocailleux, se retire dans le creux des rochers et aime à se cacher dans les trous les plus étroits. Il se nourrit de substances végétales.

Trois de ces animaux, qui ont vécu pendant assez longtemps à la ménagerie du Muséum, étaient très-apprivoisés, mais paraissaient peu intelligents.

La chair du daman, très-bonne à manger, sert de nourriture aux Arabes ; mais la loi de Moïse en interdit l'usage aux Hébreux.

II. RUMINANTS.

GUANACO ou LAMA SAUVAGE. (Auchenia guanaco.)

Allemand : *Der Guanaco* oder *Huanaco*. — Anglais : *The Guanaco*. — Espagnol : *El Guanaco*. — Italien : *Il Guanaco*.

Un des mâles a été donné par MM. Péreire et Antibes Martin.

LAMA. (Auchenia lama.)

Allemand : *Die Lama*. — Anglais : *The Llama*. — Espagnol : *La Llama*. — Italien : *Il Lama*.

Le mâle a été donné par M. Barbey.

ALPACA. (Auchenia pacos.)

Allemand : *Der Paco*. — Anglais : *The Alpaca*. — Espagnol : *El Alpaca*. — Italien : *Il Alpaca*.

Cet animal provient du troupeau amené par M. Roehn pour la Société zoologique impériale d'acclimatation.

Lorsque les Espagnols firent la conquête de l'empire des Incas, ils trouvèrent, dans ces pays, quatre espèces d'animaux fort semblables entre eux, et qu'en raison d'une grossière ressemblance avec le mouton domestique, ils appelèrent *Moutons du pays (Carneros de la tierra)*.

Deux de ces espèces, le lama et l'alpaca étaient, depuis un temps immémorial, à l'état de domesticité entre les mains des indigènes ; les deux autres, le guanaco et la vigogne, vivaient à l'état sauvage dans les hautes régions de la Cordillère des Andes.

Le LAMA, qu'on ne trouve jamais à l'état sauvage, vit dans les régions élevées des Andes, en troupeaux plus ou moins nombreux appartenant aux Indiens qui, ainsi qu'autrefois, s'en servent comme de bêtes de somme. C'est un animal doux et craintif, qui, lorsqu'il est irrité ou effrayé, n'a d'autre défense que de cracher à la figure de son ennemi une salive verdâtre et de mauvaise odeur.

La chair du lama est très-bonne à manger ; sa toison très-abondante sert à faire des couvertures et des tissus très-chauds ; enfin sa peau s'emploie à divers usages et remplace avantageusement celle du mouton.

L'ALPACA vit dans les mêmes conditions que le lama, dont il ne diffère que par sa taille un peu moindre et par sa toison longue et soyeuse qui atteint un très-grand degré de finesse. Jamais non plus on ne le trouve à l'état sauvage. Sa laine sert, comme autrefois, à fabriquer de belles étoffes, et est devenue l'objet d'un commerce fort important.

Le GUANACO vit à l'état sauvage, en troupes nombreuses, dans les Andes de la Bolivie et du Chili, où il se tient à des altitudes moyennes, mais d'où il descend cependant volontiers, car on le trouve assez communément dans les plaines désertes de l'extrémité méridionale de l'Amérique. Il diffère principale-ment du lama par la couleur uniforme de sa robe d'un fauve rougeâtre, tandis que celle de son congénère, de même que celle de l'alpaca, est sujette à varier. Le caractère de cet animal est vif, remuant et très-craintif, aussi est-il difficile à apprivoiser. Les Indiens lui font une chasse acharnée pour sa chair qu'ils aiment beaucoup et pour sa peau, dont ils se font des manteaux fort riches et fort chauds.

Enfin la VIGOGNE (nous croyons devoir dire quelques mots sur ce précieux animal, quoiqu'il n'existe plus au Jardin, où nous espérons qu'il sera promptement remplacé) vit, comme le guanaco, à l'état sauvage dans les régions les plus élevées des Andes, sur les limites des neiges perpétuelles, en troupes plus ou moins nombreuses et dans les lieux les plus inaccessi-bles. Autrefois très-abondante, cette espèce devient de plus en plus rare et menace même de disparaître tout à fait, en raison de la chasse barbare que lui font les indigènes, pour se procu-rer sa chair et surtout sa laine qui, fine et douce comme le cachemire, est très-recherchée et obtient des prix fort élevés. La vigogne, d'un caractère doux et d'une excessive timidité, s'apprivoise avec la plus grande facilité. Quelques tentatives dont une, entr'autres, faite sur une grande échelle, par les Jésuites, dans les Cordillères (ils avaient réuni un troupeau d'environ cinq cents têtes), portent à croire qu'il serait possible d'amener cet animal à l'état de domesticité.

Les avantages que l'on pourrait retirer de ces espèces dans nos climats avaient depuis longtemps attiré l'attention sur la question de les acclimater et de les propager parmi nous. En 1765, Buffon conçut le projet d'enrichir nos Alpes et nos Pyrénées de ces animaux qui, dit-il, « produiraient plus de biens réels que tout le métal du nouveau monde ; » mais ce projet n'eut pas de suite. Plus tard, l'impératrice Joséphine reprit cette idée. Un troupeau fut acheté et conduit à Buenos-Ayres par les ordres du roi d'Espagne ; mais la guerre maritime empêcha de l'amener en Europe. Une vingtaine d'années après, le duc d'Orléans chargea M. de Castelnau d'expédier du Pérou un troupeau de lamas et d'alpacas, destiné aux montagnes de la France et de l'Algérie. Ce projet manqua encore par suite d'un malentendu avec l'administration de la marine. Depuis lors, un certain nombre de ces animaux ont été introduits en Europe ; en Angleterre d'abord par lord Derby, puis en France à la ménagerie du Muséum, où ils ont très-bien vécu, et où les lamas se reproduisent aussi régulièrement que nos ruminants indigènes.

En 1849, le gouvernement français acquit du roi de Hollande un troupeau d'alpacas et de lamas ; mais ces animaux, mal soignés et surtout mal nourris, moururent tous jusqu'au dernier. Enfin, en 1859, la Société impériale d'acclimatation résolut d'achever, avec ses propres ressources, l'œuvre tant de fois commencée en vain. M. Roehn, qui avait déjà introduit heureusement deux troupeaux de ces animaux à la Havane et aux Etats-Unis, fut chargé d'amener en France un troupeau de quarante têtes, alpacas, lamas et vigognes. Cette entreprise a réussi jusqu'à un certain point. Un certain nombre des individus ont succombé, depuis leur arrivée, aux fatigues excessives d'un voyage de terre et de mer rendu plus pénible par des circonstances imprévues. Les animaux qu'on a pu sauver, distribués aujourd'hui dans des localités convenables, sont en voie de prospérité.

CERF COMMUN. (Cervus elaphus.)

Allemand : *Der Edelhirsch.* — Anglais : *The Stag* or *Red Deer.* — Espagnol : *El Ciervo comun.* — Italien : *Il Cervo comune.*

Cet animal, propre aux régions tempérées de l'Europe, vit à l'état sauvage dans les grands bois, et à demi domestique dans nos parcs. Autrefois très-commun en France, il y est assez rare aujourd'hui, et plus encore en Angleterre. Au nord, il ne dépasse pas le 65ᵉ degré de latitude.

Le cerf, d'un naturel très-craintif, s'apprivoise facilement. Sa chair est peu recherchée, mais celle de la biche et du faon est fort bonne. L'industrie emploie sa peau et ses bois.

CERF D'ALGÉRIE. (Cervus barbarus.)

Don de M. le général Khérédine.

Cette espèce, qui diffère très-peu de la précédente, habite les forêts du nord de l'Afrique.

CERF D'ARISTOTE. (Cervus aristotelis.)

Allemand : *Der Aristoteles's Hirsch.* — Anglais : *The Black Deer of Bengal* or *Samboo.* — Espagnol : *El Ciervo de Aristoteles.* — Italien : *Il Cervo d'Aristotele.*

Cette espèce se trouve sur les côtes du Malabar et du Coromandel, au Bengale et dans le Népaul. Plus grande que le cerf commun, elle se rapproche du chevreuil par ses bois. Quoique d'un naturel farouche, elle s'apprivoise facilement au point de devenir familière.

C'est M. Dussumier qui, en 1838, introduisit en France les premiers individus vivants de ce cerf, lesquels, depuis cette époque, y ont vécu et y ont régulièrement donné des petits. M. Is. Geoffroy Saint-Hilaire a fait mettre en liberté, dans divers parcs, des mâles et des femelles, qui s'y sont parfaitement acclimatés et se sont reproduits. Ce fait ne laisse aucun doute sur la possibilité de propager parmi nous cette espèce, comme animal de chasse, pour sa chair, qui est excellente, et pour sa peau, qui pourrait offrir une certaine utilité.

CERF RUSA. (Cervus hippelaphus.)

Allemand : *Der javanische Hirsch.* — Anglais : *The great Rusa.* — Espagnol : *El Ciervo javanés.* — Italien : *Il Cervo di Java.*

Le cerf rusa habite l'archipel Indien ; il est commun dans l'île de Java, et surtout dans celle de Bornéo, où il vit par troupes de cinquante à cent individus, dans les lieux découverts coupés par des halliers épais. Sa chair passe pour un morceau friand parmi les habitants de ces îles. Quelques individus isolés ont été introduits en Europe, où ils ont vécu et se sont régulièrement reproduits.

CERF DE BORNÉO.

Cette espèce, qui n'a pas encore été déterminée, mais qui se rapproche beaucoup du cerf rusa, est originaire de l'Inde.

CERF-COCHON. (Cervus porcinus.)

Allemand : *Der Schweinhirsch.* — Anglais : *The Hog* or *porcine Deer.* — Espagnol : *El Ciervo porcino.* — Italien : *Il Cervo porco.*

Ce cerf, l'un des plus petits du genre, et, comme le précédent, originaire de l'Inde, se trouve le plus communément au Bengale. Dans certaines contrées, il a été réduit, depuis longtemps déjà, à une sorte de domesticité ; on l'y engraisse et on le mange comme le cochon parmi nous. C'est même de là que lui vient le nom qu'il porte et non d'une ressemblance extérieure quelconque avec cet animal.

C'est à M. Dussumier que sont dus les premiers individus vivants venus en France en 1835. Depuis lors, ils y ont très-bien vécu, et se sont reproduits régulièrement à la ménagerie du Muséum, en Angleterre, en Belgique et ailleurs.

La facilité avec laquelle cet animal s'apprivoise, sa rusticité et enfin sa fécondité, font vivement désirer sa propagation en France ; car sa chair pourrait fournir un nouvel aliment de qualité supérieure.

CERF AXIS. (Cervus axis.)

Allemand : *Der Axishirsch.* — Anglais : *The spoted Axis.* — Espagnol : *El Ciervo manchado.* — Italien : *Il Cervo indiano.*

La partie australe de l'Asie, jusqu'aux forêts basses de la chaîne de l'Himalaya, est la patrie de l'axis.

Cet animal, remarquable par sa robe fauve semée régulièrement de taches blanches, paraît avoir été introduit en Europe vers le milieu du siècle dernier. Buffon rapporte que la ménagerie de Versailles en possédait des troupeaux qui se reproduisaient aussi facilement que les daims. Ce fait, et un grand nombre d'autres, ne laissent aucun doute sur la possibilité de le propager parmi nous. Sa chair est excellente et abondante; et sa peau ne le cède en rien à celle du daim, si recherchée pour la mégisserie. On assure que, dans quelques parties de l'Inde, on élève l'axis en domesticité pour l'engraisser et l'abattre comme animal de boucherie.

CERF DES PLAINES. (Cervus campestris.)

Allemand : *Der Pampas-Hirsch,* — Anglais : *The Guazuti.* — Espagnol : *El Venado del campo.* — Italien : *Il Cervo campestre.*

Donné par M. John Lelong.

Cet animal, le guazuti de Azara, est propre à l'Amérique méridionale. Il est à peu près de la taille du chevreuil et vit en troupes de quinze à trente individus dans les plaines de la Confédération argentine, de l'Uruguay et du Paraguay. Il évite avec soin les lieux marécageux et ne pénètre jamais dans les bois, même lorsqu'il est poursuivi par les chasseurs à travers lesquels il préfère chercher à se faire jour. Sa course est extrêmement rapide, mais ne se soutient pas longtemps. Quoique d'un naturel très-farouche, il s'apprivoise cependant aisément lorsqu'il est pris jeune. La chair du mâle n'est pas mangeable à cause de l'odeur insuportable qu'elle exhale; celle de la biche et des petits au contraire est excellente.

CERF DE VIRGINIE. (Cervus virginianus.)

Allemand : *Der Virginische Hirsch.* — Anglais : *The virginian Deer.* — Espagnol : *El Ciervo de Virginia.* — Italien : *Il Cervo di Virginia.*

Cette espèce, qui a quelques rapports avec le daim par l'applatissement de son bois, est originaire des contrées tempérées de l'Amérique septentrionale, et habite principalement les régions boisées des États-Unis, entre la Louisiane et le Vermont. Très-commun avant l'établissement des Européens, cet animal formait, avec le bison, la base de la nourriture des Indiens ; aujourd'hui on ne le rencontre plus guère que dans les parties encore couvertes de bois.

M. Harlan, dans sa faune américaine, donne sur cet animal le détail suivant. Le cerf de Virginie est un ennemi terrible du serpent à sonnettes qu'il attaque aussitôt qu'il l'aperçoit. Alors il saute en l'air à une grande hauteur au-dessus de lui, et ramenant ensemble ses pieds de devant qui forment un plan solide, il retombe sur lui de tout son poids. Il renouvelle cette manœuvre jusqu'à ce que son ennemi reste mort sur la place.

L'acclimatation de cet animal en France n'offre pas de difficultés ; pendant longtemps, ce cerf a vécu et s'est reproduit presque sans soins à la ménagerie du Muséum. Sa propagation dans nos parcs et dans nos forêts serait très à désirer, car sa chair est abondante et excellente à manger. Elle offre aux États-Unis une ressource alimentaire ; on sale et on conserve cette viande comme celle du cochon. Dans l'Ohio, on la fait sécher et on la vend sous le nom de *jambon*, dont on embarque des quantités assez considérables pour le cours inférieur du Mississipi. La peau est aussi fort recherchée dans la mégisserie.

CERF DES BOIS. (Cervus nemorivagus.)

Allemand : *Der braune Spiesshirsch.* — Anglais : *The Guazubira.* — Espagnol : *El Venado del monte ó Guazubirá.*

Donné par M. le marquis de Brossard.

Ce cerf, un peu plus grand que le cerf des plaines, appartient à l'Amérique du Sud, et vit isolé dans les forêts du Paraguay, du Brésil et de la Confédération argentine et jamais on ne le voit en plaine.

DAIM ORDINAIRE. (Cervus dama.)

Allemand : *Der Damhirsch.* — Anglais : *The Fallow Deer.* — Espagnol : *El Gamo.* —Italien : *El Cervo daino.*

Le daim, abondamment répandu dans toutes les contrées tempérées de l'ancien continent, est beaucoup moins commun en France que le cerf; le contraire a lieu en Angleterre. Cet animal vit en troupes dans les parcs; il préfère aux grandes forêts les bois couverts, les champs et les collines. Il présente assez souvent des variétés de taille et de couleur, dont les plus remarquables sont la noire et la blanche. D'un naturel doux et timide, il s'apprivoise beaucoup plus facilement que le cerf. Sa chair est regardée en Angleterre comme le gibier par excellence; sa peau est recherchée par l'industrie du chamoiseur.

CHAMOIS ou ISARD. (Antilope rupicapra.)

Allemand : *Die Gemse.* — Anglais : *The Chamois or Gems.* — Espagnol : *El Gamuza.* — Italien *La Antilope Camozza.*

Donné par M. Turretini.

Seule espèce du genre *Antilope* propre à l'Europe, le chamois se trouve à l'état sauvage dans les lieux les plus impraticables de la région boisée des hautes montagnes de l'Europe, les Pyrénées, les Alpes, etc., mais il ne s'élève pas, comme le Bouquetin, jusqu'à leurs sommets les plus aigus et ne descend jamais dans les plaines. Il vit en troupes de douze à quinze individus qui paissent le matin et le soir, mais ne se montrent jamais dans le jour.

Cet animal, remarquable par son extrême agilité, qui lui permet de franchir d'un bond des espaces de trente à quarante mètres, se nourrit de plantes et de fleurs les plus aromatiques qui donnent à sa chair une saveur recherchée des amateurs. Autrefois très-commun en Europe, il y devient de plus en plus rare à cause de la chasse acharnée dont il est l'objet. Sa peau douce et très-résistante était autrefois fort employée pour certains vêtements.

ALGAZELLE ou ANTILOPE LEUCORYX. (Antilope leucoryx.)

Allemand : *Die Säbelantilope.* — Anglais : *The Oryx.* — Espagnol : *La Antilope Oris.* — Italien : *La Gazzella bianca.*

L'algazelle, originaire de l'Afrique centrale, se trouve depuis la Nubie jusqu'au Cap, et vit dans les lieux déserts, en troupes plus ou moins nombreuses, qui forment la proie ordinaire des lions et des panthères. Comme ses congénères, elle est d'une douceur et d'une timidité extrêmes et s'apprivoise très-aisément. Elle s'est plusieurs fois reproduite en Europe, surtout dans le parc de Schönbrunn, près de Vienne, à Anvers et ailleurs. Sa chair est, dit-on, d'une très-bonne qualité. Ce n'est qu'un animal d'ornement.

ANTILOPE-GAZELLE. (Antilope dorcas.)

Allemand : *Die Gazelle.* — Anglais : *The Gazelle.* — Espagnol : *La Antilope Gacela.* — Italien : *La Gazzella affricana.*

Donnés par M. le commandant Loche, par M. le colonel Marguerite et par le général Khérédine.

Plus petit que le chevreuil, cet animal, mentionné par Élien sous le nom de *Dorcas,* vit en troupes nombreuses en Afrique et s'étend jusqu'en Syrie. Quoique d'une timidité extrême, l'antilope-gazelle se défend néanmoins vigoureusement et avantageusement contre certains ennemis. Attaqués, ces animaux forment un cercle autour de leur adversaire et lui présentent un rang serré de cornes pointues qui ne laissent pas d'être redoutables.

La chair de cet animal est fort bonne et, dit-on, semblable à celle de notre chevreuil.

La gazelle s'apprivoise avec la plus grande facilité ; c'est un animal d'ornement.

ANTILOPE EDMI.

C'est une espèce voisine de la précédente qui habite le nord de l'Afrique, et vit par paires, au rapport de M. Loche, et non par troupes comme ses congénères.

ANTILOPE DE SŒMMERRING. (ANTILOPE SŒMMERRINGII.)

Allemand : *Die Sömmerringsche Antilope.* — Anglais : *The Sœmmerring's Antilope.*

Donné par M. Dugied.

Cette antilope, de la grandeur du daim, et dont la tête est marquée de trois bandes noires dont la moyenne est la plus large, est propre à l'Abyssinie. On assure que sa chair est très-bonne à manger.

ANTILOPE ISABELLE.

Cette espèce d'Afrique, mal déterminée jusqu'ici, est voisine de l'Antilope onctueuse (*Antilope unctuosa*), dont elle ne diffère guère que par sa taille moindre et sa robe plus claire.

ANTILOPE NILGAU. (ANTILOPE PICTA.)

Allemand : *Der Nylgau.* — Anglais : *The Nylghau.* — Espagnol : *La Antilope pintada ó Nilgó.* — Italien : *La Antilope di pinto.*

Cet animal, originaire du bassin de l'Indus, se trouve spécialement dans les vallées qui séparent ce fleuve de la Tartarie et dans le pays de Cachemire. On le rencontre aussi, mais plus rarement, dans les provinces occidentales de l'Inde. Il habite les forêts solitaires les plus épaisses, d'où il ne sort que le matin et même la nuit pour venir pâturer dans les lieux découverts.

Le naturel du nilgau est vif et inquiet; mais ce qui le caractérise surtout, c'est une timidité excessive qui le fait s'effrayer de tout, au point de se précipiter sur tout ce qu'il rencontre et même de se tuer contre les obstacles. Cependant, on parvient à l'apprivoiser et même à le rendre famillier.

La manière de combattre de cet animal est assez singulière : il commence d'abord par se laisser tomber sur les genoux devant son adversaire, puis s'avance sur lui dans cette posture avec assez de vitesse, et arrivé à la distance qu'il juge convenable, il se relève brusquement et s'élance sur lui avec la rapidité d'une flèche.

C'est en 1767 qu'on a vu, en Angleterre, dans le parc de lord Clive, le premier couple de ces animaux vivants introduits en Europe. Depuis, un autre couple fut envoyé en présent, de Bombay, à la reine d'Angleterre, et en 1774, il en existait un autre dans le parc du château royal de la Muette. Non-seulement ces individus ont vécu sans paraître souffrir du climat, mais ils se sont reproduits plusieurs fois. Depuis lors, la même chose a eu lieu à la ménagerie de Knowsley, à celle du Muséum de Paris, à San-Donato, chez le prince Demidoff, et enfin au Jardin. Les petits nés en Europe ont été élevés par la mère sans plus de difficultés que ceux de nos animaux ruminants.

Outre sa chair très-abondante, savoureuse et très-recherchée dans l'Inde depuis des temps très-reculés, le nilgau fournit un cuir d'une grande épaisseur et d'une résistance extrême dont l'industrie tirerait un excellent parti. Ces avantages font vivement désirer que l'on parvienne à multiplier chez nous cette espèce, qui pourrait devenir pour nous un véritable animal de boucherie.

BŒUF DOMESTIQUE. (Bos taurus.)

Allemand : *Das gemeine Rind.* — Anglais : *The Ox.* — Espagnol : *El Buey.* — Italien : *Il Bove.*

RACE ARABE SANS CORNES.

Don de M. Dutrône.

Cette race, que M. Dutrône travaille à propager en France depuis plusieurs années, est remarquable par l'absence complète des cornes, chez le mâle et la femelle.

BŒUF A BOSSE ou ZÉBU. (Bos indicus.)

Allemand : *Der Zebu.* — Anglais : *The Zebu.* — Espagnol : *El Zebú.* — Italien : *Il Zebu.*

1. GRANDE RACE DU SOUDAN.

Donnés par S. A. le prince Halim et par le vice-roi d'Égypte.

2. RACE DU SÉNÉGAL.

Donnés par S. E. le Ministre de l'agriculture.

3. RACE NAINE.

Donnés par M. le baron de Pontalba.

La première de ces races est originaire de l'Afrique et principalement du Soudan égyptien ; la seconde est propre à l'Afrique occidentale et se rencontre spécialement au Sénégal ; la troisième existe dans l'Inde et dans les îles de la Sonde.

Les zébus se distinguent des autres espèces de la race bovine par la bosse qu'ils portent au-dessus du garrot, et qui leur a fait donner le nom sous lequel on les désigne vulgairement.

Les zébus, dont le caractère est doux et même caressant, sont domestiques dans les pays qu'ils habitent. Dans certaines parties du continent indien, ce sont presque les seules bêtes de somme.

Les brahmanes regardent le zébu indien comme un animal presque divin. La chair des zébus est fort bonne et leur cuir est des meilleurs.

Cet animal, introduit depuis assez longtemps en Angleterre, s'est reproduit régulièrement dans les parcs de ce pays, au Muséum de Paris et ailleurs. Il s'allie sans difficulté avec les races domestiques de nos climats et donne des produits féconds. Des expériences faites à l'île de France démontrent qu'après quelques générations, la bosse qui caractérise cette race disparaît complétement.

La race naine, dans les pays où elle existe, ne sert qu'à traîner des charriots proportionnés à sa force. Pour nous, ce n'est qu'un animal d'ornement.

YAK ou BŒUF A QUEUE DE CHEVAL. (Bos grunniens.)

Allemand : *Der Yack*. — Anglais : *The grunting Bull or Yack*. — Espagnol : *El Buey gruñidor*. — Italien : *Il Bove grugnante*.

1. RACE BLANCHE.

Ils proviennent du troupeau de la Société impériale zoologique d'acclimatation, formés d'individus amenés en France par M. de Montigny en 1854 et de leurs descendants.

2. RACE NOIRE SANS CORNES.

Donnés par M. le comte de Morny.

3. MÉTIS D'YAK ET DE VACHE DOMESTIQUE.

Donnés par M. Faudon.

L'yak, si remarquable par son aspect farouche et par la longue et abondante toison qui le couvre entièrement, est originaire de l'Asie centrale et spécialement des montagnes de l'Hymalaya, où il vit en troupes, plus ou moins nombreuses, dans les endroits les plus froids.

Cet animal aime l'eau et nage fort bien. En sortant de l'eau, il aime à se frotter contre les arbres et les rochers et à se rouler dans la poussière comme le cheval. D'un naturel très-farouche, il semblerait, au premier abord, absolument indomptable, et cependant il n'en est rien. Lorsqu'il entre en colère, il hérisse les longs poils qui le couvrent et relève la queue. Il ne mugit pas comme nos bœufs ordinaires, mais il fait entendre une sorte de grognement; d'où lui est venu le nom de *Bœuf grognant*, qu'il porte en français et en plusieurs langues.

L'yak s'allie avec la vache et donne des métis féconds. Les reproductions obtenues au Jardin ne laissent aucun doute à cet égard. Le métis avec la vache zébu se nomme *Dzo*, et s'emploie aux travaux des champs.

Les Tartares nomades ne se servent pas de cet animal pour labourer; mais ils emploient comme bêtes de somme les individus de pur sang qu'ils ont parfaitement domestiqués. Avec leur poil long et soyeux, on fait des tentes imperméables à la pluie. La queue garnie de beaux crins, plus fins et plus souples que ceux du cheval, est estimée dans tout l'Orient ; elle sert à faire des chasse-mouches. Teinte en rouge, on l'emploie, en Chine, à orner les bonnets d'été ; enfin, chez les Persans et chez les Turcs, elle est la marque distinctive de certaines dignités militaires.

Les très-jeunes individus sont couverts d'une toison très-frisée qui se rapproche beaucoup de la fourrure qu'on nomme *Astracan.* Enfin la chair de l'yak est très-bonne et son lait excellent.

Le bœuf à queue de cheval, il y a quelques années, n'était guère connu que par un mémoire de Pallas. Il est vrai qu'un individu vivant avait fait partie, pendant quelque temps, de la ménagerie de lord Derby, mais il n'avait jamais été vu en France et nos collections ne possédaient pas même sa dépouille.

En 1854, M. de Montigny, alors consul général à Chang-Haï en Chine, a comblé ce vide de la science en amenant lui-même en France un troupeau de douze têtes qu'il avait fait venir à grands frais du Thibet en vue de les acclimater dans notre pays.

Ce troupeau, composé de cinq taureaux et de sept vaches, déposé d'abord à la ménagerie du Muséum, a été distribué ensuite dans diverses localités froides et montagneuses, telles que le Cantal, le Jura et les Alpes. Ces animaux n'ont pas cessé de prospérer et de se multiplier régulièrement ; mais c'est au Muséum qu'on a surtout obtenu un plein succès. Ils ont donné des métis superbes et aujourd'hui il ne reste aucun doute sur leur complète acclimatation.

BUFFLE DE VALACHIE. (Bos bubalus.)

Allemand : *Der Büffel.* — Anglais : *The Buffalo.* — Espagnol : *El Búfalo.* — Italien : *Il Bufalo.*

Originaire de l'Inde et introduite en Europe vers le septième siècle, cette espèce, qui diffère par plusieurs caractères du bœuf domestique, se trouve principalement en Hongrie et en Italie. Le buffle aime à se plonger dans l'eau et surtout à se rouler dans la fange ; il nage très-bien et est beaucoup plus agile que ne le feraient croire ses formes lourdes. Dans l'état sauvage, c'est un animal farouche et d'une force prodigieuse, s'irritant facilement et ne reculant jamais devant le danger. Cependant on l'a réduit en domesticité, et il sert de bête de somme et de trait dans plusieurs pays. Sa chair est assez bonne et sa peau très-épaisse est recherchée pour certains usages.

CHÈVRE D'ÉGYPTE. (Capra ægyptiaca.)

Allemand : *Die Ægyptische Ziege.* — Anglais : *The Egyptian Goat.* — Espagnol : *La Cabra egipciana.* — Italien : *La Capra d'Egitto.*

Don de Mme Passy.

Cette espèce, commune dans le nord de l'Afrique et principalement dans la haute Égypte, où elle est domestique, se distingue des autres par ses oreilles larges et pendantes et par son chanfrein extrêmement busqué.

Importées en France, il y a une vingtaine d'années, plusieurs de ces chèvres ont vécu quelque temps au Muséum d'histoire naturelle. Introduites de nouveau, depuis quelques années, elles se sont parfaitement acclimatées et régulièrement reproduites. La chèvre d'Égypte, d'une extrême sobriété, donne abondamment un lait délicieux.

CHÈVRE DU SÉNÉGAL. (Capra depressa.)

Allemand : *Die kleine Ziege.* — Anglais : *The little african Goat.* — Espagnol : *La Cabra enana del Senegal.* — Italien : *La Capra d'Affrica.*

Don de M. Alfred de Sennal.

Cette espèce, remarquable par sa petite taille, qui seule la distingue de la chèvre commune, paraît originaire des parties méridionales de l'Afrique et se trouve communément au Sénégal.

Elle s'engraisse avec facilité et sa chair est beaucoup meilleure que celle de l'espèce domestique ; celle du chevreau surtout est fort délicate.

CHÈVRE D'ANGORA. (CAPRA ANGORENSIS.)

Allemand : *Die angorische Ziege.* — Anglais : *The Angora Goat.* — Espagnol[*]: *La Cabra de Angora.* — Italien : *La Capra d'Angora.*

Ces animaux proviennent des troupeaux introduits, en 1854, par la Société impériale zoologique d'acclimatation, par M. le maréchal Vaillant et par l'Émir Abd-el-Kader.

La chèvre d'Angora se trouve dans quelques districts de l'Asie mineure et surtout à Angora et dans ses environs, où on l'élève en troupeaux, qui vivent presque toute l'année à l'air et se tiennent de préférence sur les collines sèches ; car les plaines humides et le voisinage des forêts ne leur conviennent pas.

Cette espèce se distingue de toutes les autres par son poil, long, fin, soyeux et brillant, qui sert à fabriquer certaines étoffes. Ce poil est très-recherché par l'industrie, et le seul district d'Angora en fournit au commerce environ 500,000 kil. par an.

Tournefort est le premier qui ait appelé l'attention sur les avantages que cet animal pourrait procurer à l'Europe. On essaya à plusieurs reprises, mais sans succès, de l'introduire dans nos pays. Cette tentative, renouvelée en 1830, par le roi Ferdinand VII, réussit parfaitement. Un troupeau de 100 chèvres se sont parfaitement acclimatées dans certaines localités de l'Espagne. En 1854, la Société impériale zoologique d'acclimatation entreprit de résoudre la question pour la France. Elle fit venir, à ses frais, un troupeau de 76 têtes qui, réuni à un autre de 16 têtes que l'émir Abd-el-Kader avait envoyé en cadeau à M. le maréchal Vaillant, a été distribué dans le Jura, la Drôme, le Cantal, etc. Ces divers troupeaux sont dans l'état le plus prospère, et on a vu, à la dernière exposition des produits agricoles, les magniques tissus fabriqués avec leurs toisons par M. Davin.

MOUFLON DE CORSE. (OVIS MUSIMON.)

Allemand : *Der gemeine Muflon.* — Anglais : *The Muflon.* — Espagnol : *La Oveja silvestre de Corcega.* — Italien : *Il Muflone.*

Donnés par MM. Paturle et Rouard.

Le mouflon, mentionné par Pline le naturaliste, sous les

3.

noms de *Musmon* et de *Ophion*, habite les parties les plus élevées de la Corse et de la Sardaigne, où il vit à l'état sauvage en troupes d'une centaine d'individus conduites par un vieux mâle et qui ne quittent jamais les parties élevées des régions montagneuses, mais se tiennent toujours au-dessous des neiges perpétuelles. A une certaine époque de l'année, ces troupes se divisent en bandes plus petites, composées de quelques femelles et d'un seul mâle adulte.

La femelle porte cinq mois et produit ordinairement deux petits.

Les mouflons sont d'une timidité et d'une défiance extrêmes. Pris jeunes, ils s'apprivoisent facilement. En Sardaigne, on élève beaucoup de ces animaux en domesticité.

Le croisement du mouflon avec la brebis ordinaire, et *vice versa*, donne des métis féconds, désignés par les anciens sous le nom de *Umbri*. Le jardin possède un de ces métis qui y est né cette année.

On a cru pendant longtemps que cet animal était la souche originaire du mouton domestique. Les travaux récents sur les origines des animaux domestiques ne laissent aucun doute sur l'inexactitude de cette opinion. Le mouton domestique est d'origine asiatique.

La chair du mouflon, surtout celle des jeunes, est très-bonne.

MOUFLON A MANCHETTES. (Ovis tragelaphus.)

Allemand : *Das afrikanische Wildschaf*. — Anglais : *The maned Muflon*. — Espagnol : *La Oveja silvestre de Africa*. — Italien : *Il Muflone d'Affrica*.

Cet animal habite les lieux déserts et escarpés du nord de l'Afrique ; assez commun dans le Sahara, il se trouve jusqu'en Égypte. Il diffère principalement du précédent par sa taille plus grande, par les touffes de poils qui entourent le bas de ses jambes et par la longueur de sa queue. Sa chair est très-bonne à manger, et il serait à désirer qu'on pût le propager dans nos climats.

Ce n'est pour nous qu'un animal d'ornement.

MOUTON DOMESTIQUE. (Ovis aries.)

Allemand : *Das zahme Shaf.* — Anglais : *The Sheep.* — Espagnol : *El Carnero domético.* — Italien : *Il Montone domestico.*

1. RACE MÉRINOS DE NAZ. (Ovis hispanica.)

Allemand : *Das Merinoschaf.* — Anglais : *The Merino.* — Espagnol : *El Carnero merino.* — Italien : *Il Montone merino.*

Ces animaux, qui ont figuré, hors de concours, à l'Exposition des produits agricoles de 1860, ont été donnés par M. le général Girod de l'Ain.

Cette race, si précieuse par la beauté et la finesse de sa laine, n'est pas, comme on le croit généralement, propre au sol de l'Espagne. Il paraît certain qu'elle est originaire du nord de l'Afrique; mais on ignore l'époque de son introduction dans la péninsule ibérique. Après avoir, pendant des siècles, appartenu exclusivement à cette contrée, le mérinos est aujourd'hui répandu dans tout le monde.

C'est Colbert qui le premier eut la pensée de l'introduire en France, mais cette idée ne reçut pas d'exécution. Depuis, plusieurs tentatives furent faites : d'abord par M. de Perce qui fit, vers 1720, dans le parc de Chambord, des essais de métissage qui réussirent très-bien. Plus tard, Daubenton, d'après les ordres de Trudaine, reprit ces expériences qui eurent un plein succès, lorsqu'il eut reçu, en 1776, un troupeau de 200 mérinos acheté en Égypte par le gouvernement. La routine des éleveurs fit avorter ces heureux commencements. L'expérience ne fut reprise qu'en 1786 par Louis XVI, qui fit venir d'Espagne un troupeau de plus de 300 têtes. Ce troupeau, établi à Rambouillet, y a complétement réussi et est devenu la souche d'un grand nombre d'autres en France et à l'étranger.

L'élan donné ne s'arrêta plus. Parmi les hommes distingués qui s'occupèrent avec le plus de succès de cette importante question, nous citerons MM. Girod de l'Épeneux, Perrault de Jotemps, Montanier et Girod de l'Ain. Ce sont eux qui ont formé cette race supérieure connue, dans le monde entier, sous le nom de Mérinos de Naz, qui, pour la finesse et la beauté de sa laine, ne le cède en rien aux plus beaux troupeaux de Ségovie, d'où elle tire son origine.

2. RACE MÉRINOS GRAUX DE MAUCHAMP.

Ces animaux, comme les précédents, ont figuré à l'Exposition de 1860, et ont été donnés par M. Graux (de Mauchamp).

L'origine de cette race précieuse est due entièrement au hasard; mais c'est à la sagacité et au zèle persévérant de M. Graux, cultivateur du département de l'Aisne, que l'on doit son établissement ou plutôt sa création. En 1828, il naquit, dans le troupeau mérinos de choix de M. Graux, un agneau difforme et presque monstrueux, mais dont la laine, lisse et très-différente de celle de la mère, était remarquable par sa finesse, sa douceur et son brillant semblable à celui de la soie. Tout autre eût rejeté ce petit monstre; mais M. Graux vit en lui le germe de toute une révolution à faire dans la nature de la laine mérinos. L'animal, élevé avec soin, fut allié avec des brebis choisies dont la nature de laine différait le moins possible de la sienne. Éliminant ensuite avec sévérité tous les agneaux provenus de ces alliances qui ne reproduisaient pas la qualité de laine de leur père; conservant au contraire ceux qui s'en rapprochaient le plus, il est parvenu, après un certain nombre d'années, à créer un troupeau d'une race qui aujourd'hui se reproduit invariablement. Des soins intelligents ont fait complétement disparaître les vices de conformation physique des premiers individus, et maintenant le mérinos soyeux ne laisse rien à désirer sous le rapport de la forme et de la rusticité.

La laine de cette race est lisse, soyeuse, nacrée, brillante comme le cachemire dont elle a la douceur, et offre aussi quelque similitude avec le poil de chèvre, dont elle diffère cependant par son extrême finesse. Elle l'emporte même sur le cachemire, en ce qu'elle ne présente jamais ces poils rudes et grossiers connus sous le nom de *jar*, et qu'elle prend mieux la teinture.

3. LE MOUTON NAIN DE CRIMÉE.

Cet animal n'est remarquable que par sa petite taille. Sa laine est assez grossière, mais sa chair est des plus délicates.

4. LE MOUTON MORVAN.

Originaire de l'Afrique centrale, le mouton morvan est élevé en domesticité, en Barbarie et au cap de Bonne-Espérance. Naturalisée depuis longtemps en Europe par les Hollandais, qui l'ont croisée avec les moutons du Texel et de la Frise orientale, cette espèce a produit une grande race, connue sous le nom de *Moutons flandrins* ou du *Texel*, dont la laine assez abondante et très-longue offre un certain degré de finesse.

5. MOUTONS A GROSSE QUEUE.

A. MOUTON DE CARAMANIE.

Plusieurs de ces animaux sont un don du général Khérédine.

Cette espèce, propre à l'Asie Mineure, se distingue des autres races par sa queue large, renflée sur les côtés, descendant jusqu'au milieu du jarret, et formée d'une graisse presque diffluente, qui pèse de 15 à 20 kilogrammes. Cette graisse, qui ressemble à de la moelle, sert à préparer des aliments. La chair de ce mouton est très-estimée; mais sa laine grossière ne sert qu'à des ouvrages communs.

B. MOUTON DE TUNIS.

Don du général Khérédine.

Ce mouton, très-commun dans le royaume de Tunis, diffère peu du précédent.

C. MOUTON DE L'YÉMEN.

Don de S. Exc. Kœnig-Bey.

Cette race, de l'Arabie et de quelques parties de l'Afrique, se distingue par sa tête sans cornes et d'un noir de jayet, couleur qui s'étend jusqu'à la base du col. Elle n'a pas de laine, mais un poil dur et ras. Sa chair est excellente.

6. MOUTON DE SIEBENBURG.

C'est la race domestique dans la Transylvanie et dans les pays limitrophes. Elle est grande, à chanfrein busqué, et s'engraisse facilement. Sa laine est des plus ordinaires.

7. MOUTON ROMAIN.

Cette race, d'assez grande taille, à jambes longues et à chanfrein très-busqué, n'a rien de remarquable. Sa chair est bonne et sa laine abondante, mais assez grossière.

8. MOUTON HONGROIS.

Don de M. Fontelle.

Cette race, remarquable par ses cornes très-longues, dirigées obliquement en haut et en dehors, et comme tordues sur elles-mêmes, habite principalement la Hongrie. Sa toison fort abondante, et qui fait paraître l'animal plus gros qu'il ne l'est réellement, est formée d'une laine commune, à mèches longues et légèrement ondulées. Ce mouton s'engraisse facilement, et sa chair est très-délicate.

III. RONGEURS.

AGOUTI. (Dasyprocta aguti.)

Allemand : *Der Aguti*. — Anglais : *The Aguti*. — Espagnol : *El Aguti*. — Italien : *L'Aguti*.

L'un d'eux a été donné par M. Bataille.

Cet animal, propre à l'Amérique méridionale, se trouve communément à la Guyane, au Brésil et au Paraguay. Il habite les lieux montueux et le penchant des collines boisées, où il se loge dans les fentes de rocher, les trous des arbres et les vieilles souches, et se nourrit exclusivement de substances végétales. Il court avec une grande vitesse dans les terrains plats; mais comme le lièvre, il est obligé, lorsqu'il descend, de ralentir sa course pour éviter de faire la culbute, ses pattes de derrière étant beaucoup plus longues que celles de devant.

Quoique d'un caractère très-méfiant, il s'apprivoise facilement. La femelle a chaque année plusieurs portées de trois ou quatre petits.

On fait à l'agouti une chasse fort active pour sa chair qui est ferme, blanche et de bon goût.

Introduit en Europe depuis quelques années, l'agouti y a vécu et s'y est reproduit. Les expériences faites par le docteur Chenu ne laissent aucun doute sur la possibilité de l'acclimater et de le propager parmi nous.

PACA FAUVE. (Cœlogenus fulvus.)

Allemand : *Der Röthlichgelb Paka*. — Anglais : *The yellow Paca*. — Espagnol : *El Pacá flavo*. — Italien : *Il Paca fulvo*.

Donné par M. Bataille.

Propre à l'Amérique du sud, le paca se trouve principalement au Brésil, à la Guyanne et au Paraguay. Il habite les forêts basses et humides, et se creuse des terriers peu profonds et à trois issues qu'il recouvre de feuilles et de rameaux, et d'où il ne sort guère pendant le jour. Il se tient souvent assis et porte à sa bouche, avec les pattes de devant, sa nourriture qui consiste en fruits, en racines et surtout en cannes à sucre. Il court assez vite, nage et plonge bien.

D'un caractère très-doux, cet animal s'apprivoise facilement. Buffon en a possédé plusieurs vivants, et Frédéric Cuvier a proposé de l'acclimater dans nos campagnes, à cause de sa chair très-délicate et très-recherchée en Amérique.

LIÈVRE COMMUN. (Lepus timidus.)

Allemand : *Der gemeine Hase.* — Anglais : *The Hare.* — Espagnol : *La Liebre.* — Italien : *La Lepre timida.*

Le lièvre, propre aux contrées tempérées de l'Europe, vit solitaire dans les bois et les lieux couverts, et ne sort de sa retraite que la nuit pour prendre sa nourriture qui consiste en substances végétales. Il ne creuse pas de terriers, et la femelle, qu'on nomme *hase*, donne chaque année plusieurs portées de deux à six petits. Ceux du Jardin se sont reproduits cette année dans les parcs, ce qu'on n'avait vu que rarement.

La chair du lièvre est très-recherchée et son poil très-employé dans la chapellerie.

LAPIN DOMESTIQUE. (Lepus cuniculus.)

Allemand : *Das Kaninchen.* — Anglais : *The Coney.* — Espagnol : *El Conejo.* — Italien : *Il Coniglio.*

Originaire d'Espagne, et réduit depuis longtemps en domesticité, le lapin se trouve dans toute l'Europe à l'état sauvage; on l'appelle alors *lapin de garenne.* Cet animal se creuse, dans les terrains secs, des terriers profonds à une ou plusieurs issues, dans lesquels la femelle dépose, plusieurs fois par an, de quatre à huit petits; à l'état domestique, cette fécondité est beaucoup plus grande encore. L'élève du lapin est une branche assez importante de l'économie domestique. Sa chair, blanche et tendre, est très-estimée et son poil sert à plusieurs usages industriels.

Les variétés du lapin domestique sont très-nombreuses; les plus remarquables que possède le Jardin sont :

1. La variété blanche;
2. — **noire;**
3. Le Lapin cachemire blanc;
4. — **anglais;**
5. — — **gris;**
6. -- — **jaune & blanc;**
7. — **anglo-russe;**
8. — **angora blanc;**
9. — — **noir et blanc;**
10. — — **bleu;**
11. — — **jaune;**
12. — — **belge gris.**

MÉTIS DE LIÈVRE ET DE LAPIN.

Donnés par M. Lepel-Cointet.

On a cru pendant longtemps impossible le croisement du lièvre et du lapin, en raison de l'antipathie naturelle qui existerait entre ces deux espèces si voisines. Les expériences de M. Lepol-Cointet ont démontré la fausseté de cette croyance. En effet, il a obtenu des métis qu'il nomme *lièvres-lapins*, d'une fécondité remarquable, et dont la chair ne diffère de celle du lapin que par un léger fumet particulier.

IV. ÉDENTÉS.

TATOU ENCOUBERT. (Dasypus sexcinctus.)

Allemand : Das Sechsgürtliche Tatu. — *Anglais : The Tatoo.* — *Espagnol . El Armadillo ó Quirquincho.* — *Italien : La Tatusa a sei fascie.*

Cet animal, si remarquable par l'espèce de carapace écailleuse dont il est revêtu, est propre à l'Amérique méridionale, et se trouve principalement à la Guyanne et au Brésil.

Il se creuse, avec les ongles puissants dont sont armées ses pattes de devant, des terriers obliques et profonds, d'un mètre et demi environ, où il se tient pendant le jour, ne sortant que le matin et le soir pour chercher sa nourriture, qui consiste en racines, en graines, etc.

C'est un animal craintif et tout à fait sans défense. Lorsqu'il est poursuivi, il fuit d'abord en courant ; mais bientôt il creuse et disparaît en quelques instants sous terre. La femelle fait, par an, plusieurs portées de six à huit petits.

La chair de ce tatou est des plus délicates et fort recherchée.

TATOU HYBRIDE. (Dasypus hybridus.)

Allemand : Das Kurzschwanzige Tatu. — *Espagnol : La Mulita.*

Don de M. Durieux de Maisonneuve.

Cette espèce, plus petite et de forme plus allongée que la précédente, abonde dans les campagnes découvertes de la Confédération argentine et de la République de l'Uruguay. Comme elle, elle vit dans des terriers profonds et est d'une fécondité extrême ; nous avons vu des femelles accompagnées d'une douzaine de petits. Sa chair, à notre avis, est une des plus exquises que l'on puisse manger.

V. MARSUPIAUX.

KANGUROU A MOUSTACHES. (MACROPUS LABIATUS.)

Allemand : *Das grosse Kängurou.* — Anglais : *The great Kangaroo.* — Espagnol :
El Canguró grande. — Italien : *Il Almaturo gigantesco.*

KANGUROU ROBUSTE. (MACROPUS ROBUSTUS.)

KANGUROU DE BENNETT. (MACROPUS BENNETTI.)

Allemand : *Das Weifsschwangige Känguru.* — Anglais : *The Bennett's Kangaroo.*
Espagnol : *El Canguró de Bennett.* — Italien : *Il Almaturo di Bennett.*

KANGUROU DE DERBY. (MACROPUS DERBIANUS.)

Allemand : *Das Derby's Känguru.* — Anglais : *The Derby's Kangaroo.* — Espagnol
El Canguró de Derby. — Italien : *Il Almaturo di Derby.*

Les kangurous appartiennent à cette classe de mammifères
que caractérise l'existence d'une poche située sous le ventre,
et dans laquelle les petits, à peine ébauchés, sont déposés
par la mère au moment de leur naissance, et où ils se nourrissent jusqu'à ce qu'ils aient acquis un certain degré de développement. Ils sont exclusivement propres à la Nouvelle-
Hollande et aux îles qui en dépendent.

Les kangurous, dont le nombre des espèces connues est aujourd'hui considérable, vivent habituellement en troupes
composées d'un petit nombre d'individus, dans les lieux boisés et couverts. Essentiellement frugivores, ils se nourrissent
de fruits, de racines et d'herbes de toutes sortes. A l'état de
repos, ils se tiennent dans une situation presque verticale,
posés sur leur queue grosse et robuste, et sur leurs pieds de
derrière dont la longueur est énorme, comparée à celle de
leurs pattes de devant qu'ils tiennent rapprochées et pendantes au niveau de leur poitrine. L'immense disproportion existant entre les membres de cet animal lui donne une démar-

che toute particulière : sa progression n'a lieu que par une suite de sauts plus ou moins étendus ; cependant il marche et court même assez vite à quatre pattes.

Dans les grandes espèces, le nombre des petits est de un ou deux et de trois à quatre dans les petites. Au moment de la naissance, l'animal est presque informe ; on ne distingue guère qu'une tête et une bouche relativement très-grande. Recueilli par la mère dans la bourse où sont placées les mamelles, il se greffe en quelque sorte à l'une d'elles, et ne s'en détache que lorsqu'il a acquis assez de développement pour pouvoir faire usage de ses membres ; alors, il entr'ouvre l'orifice de la poche et y passe d'abord le bout du museau, ensuite la tête, puis le corps, et enfin il en sort complétement pour s'ébattre près de sa mère ; mais, à la moindre apparence du danger, il disparaît comme par enchantement, et rentre dans sa chaude demeure.

Le kangurou, d'un naturel doux et craintif, montre peu d'intelligence. Poursuivi, il ne cherche qu'à fuir ; mais lorsqu'il est poussé à bout, il se défend avec une certaine vigueur. Cet animal s'apprivoise avec la plus grande facilité et vit très-bien en captivité.

La chair du kangurou est prisée à l'égal de celle des meilleurs gibiers. Sa peau fournit une fourrure très-recherchée en Australie et dont on exporte des quantités assez considérables en Angleterre ; celle du kangurou laineux est la plus estimée. On fait à ces animaux une chasse tellement acharnée que leur nombre est aujourd'hui considérablement diminué sur le littoral ; le kangurou à moustaches est maintenant rare sur la côte de la Nouvelle-Galles du Sud ; celui de Bennett est plus abondant dans la Tasmanie ; mais le nombre en décroît journellement.

Valentin et Lebruyn sont les premiers auteurs qui aient signalé les kangurous Pendant longtemps les ménageries européennes en ont possédé quelques individus vivants, mais seulement comme objet de curiosité, quoique Daubenton ait placé cet animal dans la liste de ceux qu'il serait à désirer d'introduire dans notre pays. Un certain nombre de ces animaux introduits en Europe il y a une quarantaine d'années y vécurent fort bien et se reproduisirent. Mme la duchesse de Berry en avait, dans son parc du Raincy, un petit troupeau provenant d'individus qui lui avaient été envoyés de Madrid. Suivant M. Berthellot, un couple qu'il a vu en 1832, au château royal de Stuppinigi, près de Turin, a suffi pour peupler toutes les ménageries de l'Europe. Depuis, cet animal s'est reproduit sans exiger aucun soin particulier, à Paris, à Londres, et cette année au Jardin.

Le fait de l'acclimatation de ces animaux est donc aujourd'hui hors de doute, et il ne reste plus qu'à s'occuper de les propager dans nos parcs et dans nos forêts, où ils fourniraient un gibier entièrement nouveau. Enfin, plus généralement répandu, et élevé en domesticité comme le lapin, cet animal pourrait un jour augmenter et varier nos ressources alimentaires.

PHASCOLÔME A FRONT LARGE. (PHASCOLOMYS LATIFRONS.)

Donnés par M. Mueller.

Cette espèce, qui ne diffère du type de ce genre, le *Phascolôme Wombat,* que par quelques détails dans la forme du crâne, est propre à la Nouvelle-Hollande, et se rencontre le plus communément sur les côtes méridionales de ce continent et dans les environs du détroit de Bass.

Ce sont des animaux lourds, plantigrades comme les ours, peu élevés sur leurs pattes, se ramassant en boule et se creusant des terriers où ils se tiennent pendant le jour, et d'où ils ne sortent que la nuit pour chercher leur nourriture qui consiste en racines et en herbes de toutes sortes. La femelle produit à chaque portée trois ou quatre petits, qui se développent, comme les kangurous, dans la poche qu'elle porte sous le ventre.

La chair du wombat et de l'espèce qui nous occupe est très-bonne à manger, et fait la base de la nourriture des pêcheurs de phoques.

Pérou et Lesueur ont rapporté, en 1803, plusieurs de ces

animaux qui ont vécu quelque temps à la ménagerie du Muséum. Cuvier a exprimé plusieurs fois le désir de voir s'acclimater en France ce quadrupède facile à nourrir, et qui nous fournirait un nouvel aliment.

OISEAUX.

I. RAPACES.

FAUCON ORDINAIRE. (Falco peregrinus.)

Allemand : *Der Wanderfalz.* — Anglais : *The Peregrine Falcon.* — Espagnol : *El Halcone peregrino.* — Italien : *Il Falcone pellegrino.*

Donné par M. de Saint-Quentin.

Cet oiseau, propre à l'Europe, se trouve en Suisse, en Allemagne, en Pologne, en Italie, en Espagne et est assez commun en France. Il vit de préférence dans les contrées montagneuses et dans les rochers. Il ne se nourrit que de proies vivantes et surtout d'oiseaux, tels que perdrix, alouettes, tétras, etc., dont il détruit une grande quantité. Son vol est rapide, très-soutenu et d'une légèreté extrême : il semble nager dans les airs. Sa démarche à terre est, au contraire, sautillante et embarrassée, à cause de ses serres arrondies et très-aiguës. La femelle, plus grosse que le mâle qu'on appelle *tiercelet,* niche dans les fentes des rochers les plus escarpés et exposés au midi. La ponte est de trois ou quatre œufs rougeâtres avec des taches brunes.

C'est peut-être l'oiseau dont le courage est le plus grand relativement à son volume et à ses forces. Quoique d'un naturel très-farouche, il s'apprivoise cependant et on a pu le dresser pour la chasse. Ce divertissement, si recherché dans toute l'Europe dans les siècles précédents, n'est plus en usage aujourd'hui que dans certains pays de l'Asie et du nord de l'Afrique.

II. GALLINACÉS.

PIGEON ROMAIN. (Columba hispanica.)

Allemand : *Die spanische Taube.* — Anglais : *The roman Pigeon.* — Espagnol : *La Paloma romana.* — Italien : *La Colomba di Spagna.*

Ce pigeon, dont on ignore l'origine, mais qui existe depuis fort longtemps en France, est le plus gros de nos races domestiques. Il est très-recherché à cause de sa fécondité et de la délicatesse de la chair de ses pigeonneaux.

PIGEONS DE VOLIÈRE.

Allemand : *Die Taube.* — Anglais : *The common Pigeon.* — Espagnol : *La Paloma domestica.* — Italien : *La Colomba.*

Le nombre des variétés des pigeons de volière est aujourd'hui très-considérable. Les plus remarquables que possède le Jardin sont :

1. Le Pigeon Montauban.
2. — à manteau bleu ;
3. — à queue de Paon ;
4. — soie à queue de Paon ;
5. — à cravate ;
6. — frisé, donné par M. Deschamps ;
7. — russe rouge ;
8. — étourneau à tête pleine ;
9. — capucin ;
10. — tambour ;
11. — volant chamois ;
12. — brésilien ;
13. — heurté, etc., etc.

COLOMBE LUMACHELLE. (Columba chalcoptera.)

Allemand : *Die bronzeflüglige Taube.* — Anglais : *The Bronze-wing Pigeon.* — Espagnol : *La Paloma de alas bronzeadas.* — Italien : *La Colomba lumachella.*

Ce pigeon, remarquable par les couleurs de ses ailes, qui offrent les reflets de l'opale et le chatoiement de la lumachelle, est indigène de la Nouvelle-Galles du Sud, de la terre de Van-Diémen et de l'île de Norfolk. Comme les autres pigeons, il vit par paires, mais il n'est pas sédentaire et voyage à certaines époques.

La colombe lumachelle se tient à terre ou sur les branches basses des arbres, dans les endroits sablonneux et arides. Cet oiseau, dont le vol est très-puissant, se nourrit de baies, de graines, et surtout d'un petit fruit assez semblable à la cerise, dont il avale le noyau.

Il fait dans les trous d'arbres ou même à terre son nid qui n'est formé que de quelques bûchettes jetées comme au hasard. La femelle pond deux œufs tout blancs, qu'elle couve avec le mâle.

Cet oiseau s'est reproduit fréquemment dans nos climats. Sa chair est assez estimée à la Nouvelle-Galles du Sud.

COLOMBE LABRADOR. (COLUMBA ELEGANS.)

Allemand : *Die elegante Taube.* — Anglais : *The opaline Pigeon.* — Espagnol : *La Paloma elegante.* — Italien : *La Colomba elegante.*

Donné par M. Ramel.

Plus petite que la précédente, cette espèce a été trouvée dans la partie méridionale de la terre de Van-Diémen par les naturalistes de l'expédition du capitaine Baudin, à la recherche de La Peyrouse.

Introduite, il y a quelques années, en Angleterre par les soins de la Société zoologique de Londres, elle s'est reproduite régulièrement en captivité. C'est un charmant oiseau de volière.

COLOMBE GRIVELÉE. (COLUMBA PICATA.)

Anglais : *The pied Pigeon.*

Ce pigeon, beaucoup plus gros que la colombe lumachelle, habite comme les précédents la Nouvelle-Hollande.

Sa chair blanche et délicate, surtout celle des muscles pectoraux qui sont très-développés, l'emporte de beaucoup

4

sur celle des autres espèces connues. Ce serait, suivant M. Gould, un oiseau de première classe pour la table, et il serait vivement à désirer qu'on pût l'acclimater et le propager en Europe où il commence à se reproduire.

COLOMBE CORA.

Cette espèce, non encore bien déterminée, est propre à la Nouvelle-Hollande.

COLOMBE LONGUP. (Columba lophotes.)

Allemand : *Die Helmtaube.* — Anglais : *The crested Dove.* — Espagnol : *La Paloma crestada.* — Italien : *La Colomba crestata.*

Cette espèce, l'une des plus gracieuses du genre, est encore indigène de la Nouvelle-Hollande.

Introduite depuis quelques années en Angleterre, elle s'est montrée très-propre à vivre en captivité et s'est régulièrement reproduite. Les deux paires que possède le Jardin ont fait cette année plusieurs couvées qui ont parfaitement réussi.

COLOMBE TOURTELETTE. (Columba capensis.)

Cette espèce, propre à l'Afrique méridionale, est remarquable par la petitesse de sa taille, son bec rouge orangé, et la beauté de ses couleurs.

COLOMBI-GALLINE A CRAVATE NOIRE.
(Columba cyanocephala.)

Ce pigeon habite les Antilles et les contrées chaudes de l'Amérique et se trouve le plus abondamment à la Jamaïque et à Cuba.

Il vit toujours à terre et trotte comme la perdrix, nom sous lequel les habitants de la Jamaïque ont coutume de le désigner.

Sa chair est excellente, et il serait à désirer qu'on pût l'acclimater et le propager parmi nous.

COLOMBI-GALLINE POIGNARDÉE. (COLUMBA CRUENTATA.)

Anglais : *The sanguine Turtle.* — Espagnol : *La Paloma sangrienta,* — Italien : *La Colomba sanguinosa.*

Cette espèce, remarquable par la tache rouge de sang qu'elle offre sur le milieu de la poitrine, et qui simule assez bien une blessure ensanglantée, est originaire des îles Philippines et principalement de Manille. Comme les autres colombi-gallines, cet oiseau vit de préférence à terre et court avec vitesse comme la perdrix. Ce serait une charmante acquisition pour nos volières.

COLOMBI-GALLINE ROUX-VIOLET. (COLUMBA MARTINICA.)

Donné par M. le colonel Frebault.

Ce pigeon, remarquable par sa couleur d'un brun pourpré, habite les Antilles et surtout l'île de la Martinique.

PERDRIX GRISE. (PERDIX CINEREA.)

Allemand : *Das Rebhuhn.* — Anglais : *The Partridge.* — Espagnol : *La Perdiz.* — Italien : *La Pernice.*

Cet oiseau, propre aux régions tempérées de l'Europe, vit par troupes nommées *compagnies,* dans les prairies et les champs cultivés des grandes plaines, et ne se retire jamais dans les bois que momentanément et pour fuir le danger. Il ne perche jamais et se tient à terre où la femelle fait son nid dans un trou peu profond, garni de quelques brins d'herbe. La ponte est de quinze à vingt œufs jaunâtres teintés de verdâtre et sans taches. Les petits, qui courent en naissant, se nourrissent d'abord d'insectes et plus tard de graines et surtout de blé.

PERDRIX BARTAVELLE. (PERDIX SAXATILIS.)

Allemand : *Das Steinhuhn.* — Anglais : *The red Partridge.* — Espagnol : *La Perdiz de los pedregales.* — Italien : *La Pernice sassatile.*

La bartavelle diffère principalement de la perdrix rouge par l'absence des taches noires et blanches qui entourent le col de cette dernière. Elle se trouve communément dans l'Asie Mineure, la Turquie d'Europe et le Tyrol; elle se rencontre aussi en Espagne, et même, mais plus rarement, en France, dans les montagnes du Jura, des Pyrénées, de l'Auvergne et des Basses-Alpes.

Cet oiseau habite de préférence les lieux élevés, arides et semés de rochers; il descend cependant dans les plaines pour y nicher. Comme le précédent, il vit en compagnies. Sa nourriture consiste en petits insectes, en larves de fourmis et en bourgeons d'arbres résineux.

La femelle pond, dans un nid à peine ébauché et placé sous un buisson ou une touffe d'herbes, de quinze à dix-huit œufs blancs et marqués de taches roussâtres.

La bartavelle, quoique d'un naturel très-farouche, est très-susceptible de s'apprivoiser et de vivre dans un certain degré de domesticité.

La chair de cet oiseau ne le cède en rien sous le rapport de la délicatesse, surtout lorsqu'il est jeune, à celle de la perdrix grise.

PERDRIX GAMBRA. (Perdix petrosa.)

Allemand : *Das Felsenhuhn*. — Anglais : *The rufous-breasted Partridge*. — Espagnol : *La Perdiz de Gambra*. — Italien : *La Pernice di Gambra*.

Ces oiseaux proviennent d'œufs donnés par M. Beaussier.

Cette espèce, qui tient le milieu entre la perdrix rouge et la bartavelle, est propre aux parties méridionales de l'Europe, comme l'Espagne, la Sardaigne, la Corse, la Sicile, la Provence, etc. Elle abonde aussi en Afrique, depuis les côtes de la Méditerranée jusqu'au Sénégal.

Elle vit en compagnies nombreuses dans les lieux élevés et déserts et ne descend que rarement dans les plaines. Sa nourriture consiste principalement en graines et baies de toutes espèces et en petits insectes.

La femelle pond environ une quinzaine d'œufs d'un jaune sale et irrégulièrement maculés de roussâtre, qu'elle dépose dans un nid formé de quelques herbes ou feuilles sèches et placé dans les buissons.

Grâce à l'intervention d'une volonté puissante et éclairée, cet oiseau, dont la chair est excellente, commence à se propager en France.

Il y a quelques années, M. le baron de Lage, officier de la vènerie impériale, eut l'idée d'essayer l'introduction à Rambouillet de la perdrix gambra, qu'il fit venir d'Algérie. Cette tentative réussit pleinement et attira l'attention du prince de la Moskowa, premier veneur, et de S. M. l'Empereur lui-même.

L'expérience répétée, en 1858, à la faisanderie de Saint-Germain, eut un tel succès que, dès cette première année, les perdrix gambra figurèrent pour un quart environ dans le nombre de celles qui furent tuées aux chasses impériales.

COLIN HOUI. (Ortix virginianus.)

Allemand : *Das virginische Wachtel.* — Anglais : *The virginian Partridge.* — Espagnol : *La Perdiz de Virginia.* — Italien : *La Pernice di Virginia.*

Cet oiseau, propre à l'Amérique septentrionale, se trouve depuis le Mexique jusqu'au Canada inclusivement, et il abonde surtout dans le sud et le centre des États-Unis.

Il habite de préférence les buissons, les halliers et les haies vives, et ne fréquente guère les terres cultivées qu'après la récolte. Il s'éloigne peu des lieux où il trouve une nourriture abondante.

La femelle cache son nid à terre, au milieu d'une touffe de plantes hautes et épaisses. Ce nid, formé d'une grande quantité d'herbes sèches assez grossièrement arrangées, offre une ouverture sur le côté. La ponte est de dix à vingt-quatre œufs d'un blanc pur. Les petits courent en naissant, et aussitôt après l'éclosion le mâle les prend à sa charge et les soigne pendant que la femelle fait une seconde couvée dont les petits, réunis à ceux de la première, ne forment qu'une seule famille, qui ne se sépare qu'au printemps suivant.

Le colin houi se nourrit de toutes sortes de graines et de baies. D'un naturel doux et peu farouche, il s'apprivoise très-facilement et ne craint ni la grande chaleur, ni le froid, même rigoureux.

4.

C'est M. Florent Prevost qui, dès l'année 1816, essaya le premier en France l'acclimatation de cet oiseau. A diverses reprises il abandonna, au milieu de grands parcs ou en plein champ, quelques paires d'individus nouvellement arrivés de leur pays natal, mais cette expérience ne réussit pas. Tentée depuis en Angleterre, elle a eu au contraire un plein succès, et le colin houi, devenu presque indigène, se reproduit régulièrement dans les comtés de Norfolk et de Suffolk. Il en a été de même en 1837, chez M. Alfred de Cassette, et pendant plusieurs années on a chassé le colin comme la caille et la perdrix, dans quelques grands domaines de la Bretagne.

La chair du colin houi est blanche, tendre et de très-bon goût, quoique sans fumet, comme celle de presque tous les gallinacés sauvages de l'Amérique du Nord.

COLIN DE CALIFORNIE. (Ortix californicus.)

Allemand : *Das Kalifornische Wachtel*. — Anglais : *The californian Quail*. — Espagnol : *La Perdiz de California*. — Italien : *La Pernice di California*.

Le colin de la Californie se distingue du précédent par l'élégante petite huppe noire, composée de plumes légères et recourbées en avant, qui orne sa tête. Il paraît propre à la Californie. Ses œufs, d'un blanc sale, irrégulièrement maculés de brun rougeâtre, ressemblent en petit à ceux de la perdrix rouge.

Cet oiseau, découvert par La Pérouse, a été introduit en France, en 1852, par M. Deschamps, qui en apporta de la Californie six couples achetés à un très-haut prix. En 1853, des couvées parfaitement réussies compensaient et au delà les pertes faites pendant la traversée. Depuis, MM. Pomme, de Rothschild et Saunier en ont fait de nombreux élèves. Au printemps de 1858, M. Deschamps lâcha deux couples de cet oiseau dans un terrain accidenté et boisé de la Haute-Vienne, et au mois de juin 1858 il les retrouva en parfait état, et suivis d'une nombreuse famille. D'autres personnes ont obtenu le même succès dans plusieurs localités. Enfin· les individus que possède le Jardin ont donné cette année un grand nombre de petits, qui se sont élevés sans la moindre difficulté. Tout nous porte donc à espérer que le colin de la Californie, dont la chair ne le cède pas à celle de la caille, deviendra, avant peu, un gibier français.

FRANCOLIN CRIARD. (FRANCOLINUS CLAMOSUS.)

Allemand : *Der Schreifrancolin.* — Anglais : *The clamorous Francolin.* — Espagnol : *El Francolino griton.* — Italien : *Il Francolino gritadore.*

Donné par S. Exc. sir Georges Grey.

Cet oiseau, qui diffère peu du francolin à collier roux, le seul du genre qui soit propre à l'Europe, se trouve dans l'Afrique méridionale et surtout dans les environs du cap de Bonne-Espérance. Comme son congénère, il vit par couples dans les lieux humides et retirés : il vole peu, mais court avec une grande rapidité. Sa ponte est de huit à dix œufs, que la femelle dépose dans un nid fait à terre avec quelques brins d'herbe. La chair de cet oiseau est des plus délicates.

GANGA CATA. (PTEROCLES SETARIUS.)

Allemand : *Das Flughuhn* oder *Ganga Katta.* — Anglais : *The Pin-tailed Grous* — Espagnol : *La Ortega cata.* — Italien : *La Pterocle alcata.*

Le ganga cata, qui porte dans le midi de la France les noms vulgaires de *Grandoule* et d'*Augel*, et qui paraît être l'*Attagen* des anciens, se trouve communément dans les régions méridionales de l'Europe, en Espagne, en Sicile, dans le Levant, et même jusqu'en Perse, En France, on ne le voit que dans les départements du midi, dans les landes stériles qui bordent les Pyrénées, et surtout dans la plaine de Crau.

Cet oiseau, d'un naturel extrêmement défiant, vit en troupes nombreuses, qui se dispersent à l'époque du printemps, Son vol est puissant, rapide et très-élevé, ce qui le rapproche des pigeons, dont il diffère cependant par d'autres caractères qui le rattachent aux gallinacés. Ses œufs, très-allongés, sont irrégulièrement maculés de brun-roussâtre.

Sa chair, du moins celle des vieux individus, est noire,

dure et peu recherchée; celle des jeunes, au contraire, est très-délicate et préférée à celle de la perdrix.

TÉTRAS HUPPECOL. (Tetrao cupido.)

Anglais : *The pinnated Grous.*

Donnés par M. A. Servant.

Cette espèce est propre à l'Amérique septentrionale. Autrefois très-commune dans les parties centrales et sur les côtes des États-Unis, elle en a presque complétement disparu, et ne se trouve plus, en grande quantité, que dans les prairies du Texas et sur les bords du Missouri.

Cet oiseau perche sur les arbres et sur les buissons, et ses œufs sont de la grosseur de ceux d'une poulette.

Les individus que possède le Jardin, placés dans un parc garni de hautes herbes, s'y trouvent fort bien et ont pondu cette année un grand nombre d'œufs qui, couvés par des poules, ont donné de nombreux petits que malheureusement on n'a pu élever.

FAISAN ORDINAIRE. (Phasianus colchicus.)

Allemand : *Der Fasan.* — Anglais : *The Pheasant.* — Espagnol : *El Faisan.* — Italien : *Il Fagiano.*

Cet oiseau, dont l'introduction en Grèce remonte à l'expédition des Argonautes qui le trouvèrent en abondance sur les bords du Phase, fleuve de la Colchide, est très-commun dans la partie méridionale de l'Asie et dans toute l'Europe, depuis les bords de la Méditerranée jusqu'au golfe de Bothnie.

Le faisan habite de préférence les contrées boisées. Il se tient habituellement à terre, mais il perche la nuit sur les arbres les plus élevés. Sauvage, il est craintif, farouche et vit solitaire; domestique, il devient confiant et sociable, et s'accomode très-bien de la vie de la basse-cour. La femelle fait son nid au pied des arbres avec de la mousse et du duvet, et y pond de douze à quinze œufs gris-verdâtre tachetés de brun.

Cet oiseau, dont la chair est des plus délicates, est un gibier très-recherché.

FAISAN A COLLIER. (PHASIANUS TORQUATUS.)

Allemand : *Der Halsringfasan.* — Anglais : *The Ring-necked Pheasant.* — Espagnol : *El Faisan con collar.* — Italien : *Il Fagiano con collare.*

Donnés par M. Pierre Pichot.

Regardé autrefois comme une simple variété du faisan ordinaire, avec lequel, en effet, il se reproduit et donne des métis féconds, le faisan à collier est reconnu aujourd'hui pour une espèce distincte, apportée il n'y a pas très-longtemps de la Chine, sa patrie. Cet oiseau diffère du précédent par son volume moindre, par sa queue proportionnellement moins longue et plus droite, par sa livrée particulière, et surtout par le collier blanc auquel il doit son nom.

Les œufs de cette espèce sont semblables à ceux du faisan commun. Elle s'accomode très-bien de nos climats, et commence à se répandre dans les forêts impériales.

FAISAN VERSICOLORE. (PHASIANUS VERSICOLOR.)

Allemand : *Der Buntfasan.* — Anglais : *The variegated Pheasant.* — Espagnol : *El Faisan variado.* — Italien : *Il Fagiano variopinto.*

Cette espèce, qui se rapproche beaucoup du faisan commun, habite le Japon, d'où elle a été importée assez récemment en Europe. On ne peut jusqu'ici la considérer que comme un oiseau d'ornement.

FAISAN DORÉ DE LA CHINE. (PHASIANUS PICTUS.)

Allemand : *Der sinesische Goldfasan.* — Anglais : *The painted Pheasant.* — Espagnol : *El Faisan dorado.* — Italien : *Il Fagiano sereziato.*

Cet oiseau, l'un de ceux que la nature s'est plu à orner avec le plus de magnificence, est originaire de la Chine, d'où il a été transporté, depuis le milieu du dix-huitième siècle, dans nos volières de l'Europe.

Les œufs du faisan doré, proportionnellement plus petits que ceux de poule, sont d'un roussâtre pâle et unicolores.

Beaucoup moins farouche que le faisan ordinaire, cet oiseau s'apprivoise facilement et vit en parfait accord avec les hôtes habituels de la basse-cour.

Il n'a guère été jusqu'ici pour nous qu'un objet d'ornement; cependant comme il s'est parfaitement reproduit dans quelques forêts, on peut espérer qu'il s'y multipliera. Sa chair n'est pas moins délicate que celle du faisan commun.

FAISAN ARGENTÉ. (PHASIANUS NYCTHEMERUS.)

Allemand : *Der sinesische Silberfasan.* — Anglais : *The Silver or Pencillated Pheasant.* — Espagnol : *El Faisan plateado.* — Italien : *Il Fagiano bianco e nero.*

L'un des couples a été donné par M. Sacc.

Moins brillant que le précédent, qu'il dépasse par sa taille, le faisan argenté est cependant très-remarquable par le blanc éclatant de son plumage, qui tranche sur d'autres parties du plus beau noir. Il est originaire des parties septentrionales de la Chine. L'époque de son introduction en Europe, déjà ancienne, n'a pas été précisée.

La femelle pond de douze à quatorze œufs gros comme ceux de poule, d'une couleur rougeâtre et unicolores. Cet oiseau, qui s'apprivoise facilement, est assez rustique et demande moins de soins que le faisan doré. Sa chair est regardée comme un manger délicieux.

FAISAN DE WALLICH. (PHASIANUS WALLICHII.)

Allemand : *Der Wallich's Fasan.* — Anglais : *The Cheer or Wallich's Pheasant.* — Espagnol : *El Faisan de Wallich.* — Italien : *Il Fagiano di Wallich.*

Ce bel oiseau, remarquable par la singularité de son plumage, a été décrit pour la première fois en 1826, par le major-général Hardwicke. Il est originaire du nord-est de l'Hindoustan et abonde surtout dans les montagnes des environs de Simla, d'où lord Hardinge en apporta, il y a quelques années, un mâle, qu'il offrit à S. M. la reine d'Angleterre, et qui

vécut plusieurs années dans les jardins du palais de Bucking-
ham. En 1857, la Société zoologique de Londres reçut, des
mêmes contrées, un coq et deux poules, qui se sont parfaitement acclimatés et reproduits dans le jardin de cette Société.

Il diffère des autres faisans par quelques caractères. Sa
taille se rapproche de celle du lophophore; son plumage offre
un mélange de gris, de brun clair et de noir, disposés avec
beaucoup d'harmonie. Ses pattes, courtes comparativement à
son volume, sont armées, chez le mâle, d'un éperon très-
pointu.

D'après M. Hardwicke, cet oiseau est très-brave, s'irrite facilement et combat avec beaucoup de vaillance.

Cet oiseau, dont l'acclimatation et la propagation ne paraissent pas difficiles, n'est encore pour nous qu'un objet de
curiosité, mais est destiné à devenir un magnifique gibier.

EUPLOCOME DE CUVIER. (EUPLOCOMUS CUVIERI.)

Allemand : *Der Büchgeltragendefasan.* — Anglais : *The Cuvier's Pheasant.* —
Espagnol : *El Faisan de Cuvier.* — Italien : *Il Fagiano di Cuvier.*

EUPLOCOME MÉLANOTE. (EUPLOCOMUS MELANOTUS.)

Ces oiseaux sont propres à l'Asie centrale et principalement l'Himalaya et au Népaul. Introduits en Angleterre, il
n'y a que quelques années, ils se sont régulièrement reproduits dans l'établissement de la Société zoologique de Londres
et depuis en France et en d'autres pays. Leur chair, assure-
t-on, égale en délicatesse celle du faisan.

LOPHOPHORE RESPLENDISSANT. (LOPHOPHORUS SPLENDENS.)

Anglais : *The Impeyan Pheasant.* — Espagnol : *El Lofoforo brillante.*
Italien : *Il Lofoforo splendente.*

Le lophophore, l'un des plus beaux oiseaux de l'ordre des
gallinacés, est originaire des hautes montagnes du nord de
l'Hindoustan. Sa tête est ornée d'un panache élégant, composé de plumes dont la tige, droite et mince, est terminée
par une sorte de palette allongée et dorée. Tout le dessus du

corps offre les nuances les plus riches et les plus éclatantes de vert bronzé à reflets dorés, pourpres-et azurés ; c'est ce qui l'a fait appeler l'*oiseau d'or*.

A l'état sauvage, cet oiseau vit dans les lieux solitaires et est assez farouche. A certaine époque de l'année il traîne ses ailes, étale sa queue, redresse la tête, fait entendre un gloussement et prend, en marchant, des attitudes grotesques, à peu près comme le dindon. La femelle n'a rien de la belle parure du mâle. Ses œufs, un peu plus gros que ceux de la poule, sont d'un blanc jaunâtre et maculés d'un roux plus ou moins vif.

Le lophophore préfère aux climats chauds les contrées tempérées et même froides ; ce qui a fait penser à Frédéric Cuvier qu'il ne serait pas impossible de l'acclimater parmi nous pour en enrichir nos volières, et peut-être nos basses-cours.

La première tentative d'introduction de cet oiseau en Europe a été faite par une dame anglaise, lady Impey ; mais les individus moururent. Ce n'est que dans ces dernières années que la Société zoologique de Londres est parvenue à s'en procurer un petit nombre de couples, qui ont prospéré et se sont régulièrement reproduits. Le couple que possède le Jardin a donné cette année un assez grand nombre d'œufs ; mais les petits n'ont pu être élevés.

POULE DOMESTIQUE. (GALLUS DOMESTICUS.)

Allemand : *Das Haushuhn*. — Anglais : *The common Cok.* — Espagnol : *El Gallo.* — Italien : *Il Gallo.*

Comme la plupart des animaux que l'homme a soumis à la domesticité, la poule est originaire de l'Inde. L'époque de sa domestication se perd dans la nuit des temps. L'homme a transporté cet oiseau avec lui dans toutes ses migrations et jusque dans le Nouveau-Monde où il n'existait pas avant la conquête des Espagnols. La poule aujourd'hui se trouve dans presque tous les points du globe, et elle vit avec l'homme dans les climats les plus différents, desquels, comme lui, elle s'accommode parfaitement. Ces différences de climat, jointes à celle de la nourriture et à plusieurs autres causes, ont imprimé à l'espèce primitive des modifications particulières, qui se sont réproduites et sont devenues plus ou moins fixes. C'est ainsi que se sont formées les diverses races de poules, dont le nombre est aujourd'hui très-considérable. Nous ne nous occuperons que de celles que possède le Jardin, les plus remarquables de toutes par leur beauté, par les qualités qu'elles présentent, et enfin par leur rareté.

A. RACE DE LA FLÈCHE.

Cette poule, l'une des plus belles de nos races indigènes, est propre au pays du Maine, où son type est toujours resté pur, surtout aux environs de la Flèche. Son origine est inconnue ; mais il semble qu'elle a commencé à être remarquée vers le quinzième siècle.

Le plus élevé de tous les coqs français, celui de la Flèche, est fièrement posé sur ses pattes nerveuses, et paraît moins gros qu'il ne l'est réellement, en raison de son plumage collant au corps. Sa crête transversale est double, en forme de cornes infléchies en avant, réunies à leur base et écartées au sommet. Les barbillons sont pendants et très-allongés, et les oreillons d'un blanc mat vont se replier sous le col. La couleur de cet oiseau est généralement d'un beau noir.

La race de la Flèche est assez bonne pondeuse ; mais les poulets ne sont pas précoces. Elle s'engraisse avec beaucoup de facilité, et donne ces belles volailles que l'on nomme *Poulardes*. Sa chair est blanche, courte, juteuse et d'une grande délicatesse.

B. RACE DU MANS.

La race du Mans porte une demi-huppe de plumes qui retombent sur l'occiput ; sa crête, double et très-volumineuse, est composée de petites excroissances différemment assemblées ; les barbillons sont ronds et de moyenne longueur ; enfin son plumage est en général noir avec des reflets verts. Cette race pond assez bien, mais ne couve pas ; ses œufs sont

5

d'un beau volume. Elle s'engraisse facilement et fournit de très-bonnes volailles.

C. RACE DE CRÈVE-CŒUR.

Cette race, propre à la France, produit certainement les plus excellentes volailles qui paraissent sur les marchés. Le corps est volumineux, carrément établi, court, large, bien posé sur des pattes solides. La tête est forte, ornée d'une huppe et de favoris; la crête est double et en forme de cornes redressées ; les barbillons sont longs et pendants, et les oreillons courts et cachés.

La poule de Crève-Cœur, dont les poulets sont très-précoces, s'engraisse avec une merveilleuse facilité. Sa chair possède toutes les qualités des volailles fines; elle est courte, blanche et d'une délicatesse extrême : ses os, d'une légèreté remarquable, atteignent à peine le huitième du poids total de l'animal.

Cette race, très-délicate, est aujourd'hui la mieux éprouvée pour les croisements, surtout avec celle de Nankin. Les produits de ces croisements sont très-rustiques, d'un beau volume et d'un goût délicat.

Les variétés principales de la race de Crève-Cœur sont :

1. La variété ordinaire, donnée par Mme Passy ;
2.   —   **blanche,** donnée par M. le comte d'Éprémesnil et
                             M. Édouard Roger ;
3.   —   **noire,** donnée par M. le comte d'Éprémesnil ;
4.   —   **bleue.**

D. RACE DE HOUDAN.

Cette race française, une des plus belles et des meilleures qui existent, est métisse et provient de croisements faits avec soin entre les races de Crève-Cœur et de Dorkings. Elle a le corps un peu arrondi, bien établi, de proportions ordinaires et assez peu élevé sur des pattes fortes et robustes. La tête est ornée d'une demi-huppe dirigée en arrière et sur les côtés, et d'une crête triple et transversale. Les barbillons assez développés se relient à la crête par des parties charnues qui forment les joues ; les oreillons sont courts et cachés par les favoris formés de plumes courtes, retroussées et pointues.

Les poulets se développent très-rapidement. Cette espèce très-rustique s'élève plus facilement que toutes les autres poules indigènes ; elle est aussi moins coureuse et moins pillarde. Ses pontes sont abondantes et précoces ; ses œufs volumineux et d'un beau blanc ; mais c'est une couveuse médiocre. Elle s'engraisse avec facilité et donne des volailles dont la chair est d'une finesse et d'une délicatesse remarquables.

Le plumage de cette race varie beaucoup. Les variétés que possède le Jardin sont :

1. La variété ordinaire, donnée par Mme Passy ;
2. — **bleue.**

E. RACE DE PADOUE.

Cette race est l'espèce huppée par excellence ; mais ce qui fait son principal ornement la rend impropre à la vie de basse-cour ; car cette huppe, si belle par le beau temps, devient, par la pluie, un masque impénétrable qui enveloppe la tête de l'animal et l'aveugle. La poule de Padoue est encore remarquable par l'absence presque complète de la crête, des barbillons et des oreillons, dont on ne retrouve que de légers vestiges.

Cette race est bonne pondeuse, mais ne couve pas ; les poulets sont très-précoces, mais assez difficiles à élever ; cependant, après plusieurs générations dans le même lieu, ils deviennent beaucoup plus rustiques. Cette poule, bien que sa chair soit assez abondante et d'une grande délicatesse, ne peut guère être considérée que comme un oiseau de volière.

Les variétés de cette race sont très-nombreuses ; celles que possède le Jardin sont :

1. La variété blanche ;			**4. La variété argentée ;**	
2.	—	**citronnée ;**	**5.** —	**chamois ;**
3.	—	**dorée ;**	**6.** —	**coucou.**

F. RACE DE PADOUE HOLLANDAISE.

Cette race, qui possède les avantages et les inconvénients de la précédente, et n'en diffère que par sa huppe constamment blanche, nous vient de la Hollande.

Les principales variétés sont :

1. La variété bleue ; **2. La variété noire.**

G. RACE DITE TAMERLAN.

Cette race, dont l'origine est inconnue, est remarquable par son élégance. C'est un oiseau de fantaisie.

H. RACE DE BRUGES OU RACE DE COMBAT DU NORD.

La plus grande et la plus forte de l'Europe, cette race tient de toutes les espèces dites de combat. Le corps est gros, soutenu sur des pattes fortes et nerveuses ; le plumage, dont la couleur varie, mais dont la plus estimée est le bleu ardoisé, est assez collant. La tête forte porte une crête petite, d'une forme mal arrêtée, tombant de côté, noire dans la jeunesse et ne prenant le rouge qu'à l'âge adulte, tout en conservant des teintes noires. Les barbillons et les oreillons sont très-volumineux. Cet oiseau, élevé uniquement pour les combats de coq si peu goûtés chez nous, n'est pas un animal de basse-cour ; le caractère querelleur commun au mâle et à la femelle, le peu de fécondité de celle-ci et l'infériorité de la chair doivent l'en faire bannir.

I. POULES A TÊTE DE CORNEILLE.

1. RACE DE BRÉDA.

La poule de Bréda appartient à la Hollande. C'est un oiseau d'une forme parfaite et d'une allure gracieuse, vive et légère. Le coq, dont le plumage, dans la variété noire, est des plus brillants, à reflets violets et verts, n'a pas de crête, mais seulement un renflement du bord supérieur des narines. Sa tête est garnie de plumes noires et fines, qui se réunissent en une mèche droite se terminant en pointe. Sous la gorge existent deux barbillons très-allongés. Cette race, très-bonne pondeuse, ne couve pas. Les poulets ne sont ni tardifs ni précoces et s'élèvent facilement. La poule de Bréda s'engraisse bien et sa chair est fort délicate.

Les variétés de cette race que possède le Jardin sont :

1. La variété blanche; 2. La variété noire.

2. RACE DE GUELDRES.

Cette race ne diffère de la précédente que par la couleur de son plumage toujours noir. Sa chair est fine, délicate et abondante.

J. RACE DE HAMBOURG.

La poule de Hambourg est d'une taille un peu au dessous de la moyenne. Sa crête frisée et hérissée de petites pointes forme une surface aplatie, oblongue en avant, pointue en arrière, qui recouvre la base du bec. Les barbillons sont placés bien au-dessous du bec, et ont la forme d'une feuille de buis ; enfin, les oreillons sont blancs, très-petits et posés à plat sur la joue. Elle pond beaucoup ; ses œufs peu volumineux sont excellents, mais elle est très-mauvaise couveuse. C'est une race très-précoce, et qui fournit des volailles d'une grande délicatesse.

Parmi les variétés, on distingue :

1. La variété dorée; 2. La variété argentée.

K. RACE CAMPINE.

Cette petite race, qui se rapproche beaucoup de la précédente, est très-élégante et remarquable par son plumage toujours argenté. Sa crête est frisée, et présente souvent une forme vasculaire qui est considérée comme un défaut. Elle est excellente pondeuse et peut donner jusqu'à trois cents œufs dans une année ; mais elle couve mal ou pour mieux dire pas du tout.

L. RACE DE LA RÉUNION OU MALAISE.

Don de Mme Passy.

Cette belle espèce, l'une des plus grandes du genre, est la race de combat par excellence. Elle vient de l'île Bourbon, où elle paraît avoir été importée des Philippines, et surtout de Manille. Le coq, dont le plumage est magnifique, a la tête fine, le bec fort et recourbé, la crête simple et en fraise aplatie et allongée, les barbillons rouges et très-développés et les oreillons blancs. Il porte aux pattes des éperons très-pointus et durs comme l'acier, qui le rendent redoutable, même aux oiseaux de proie, qui n'osent l'attaquer. D'un caractère très-querelleur pour tous les autres coqs, il est doux et familier avec la personne qui prend soin de lui. La poule est bonne pondeuse et couve régulièrement. Cette race s'engraisse mal, et sa chair est inférieure à celle de nos volailles domestiques.

M. RACE DE DORKINGS.

La race de Dorkings est un type existant depuis longtemps ; en effet la bizarre exception des cinq doigts qu'elle présente a été signalée par Columelle. Elle paraît propre à la Grande-Bretagne ; mais son importation en France est d'une date déjà fort ancienne. C'est, en Angleterre, la plus estimée des volailles pour les tables somptueuses ; aussi les éleveurs en entretiennent-ils la race avec beaucoup de soins, et les grands seigneurs ne dédaignent-ils pas de s'occuper de son éducation.

Cet oiseau est d'une belle prestance, quoique d'une allure lourde et embarrassée. Le corps est gros et court. La crête simple, grande, élevée, droite, est profondément et régulièrement dentelée ; les barbillons sont longs et pendants et les oreillons assez allongés, rouges à leur extrémité et d'un bleu azuré vers le haut.

La poule est assez bonne couveuse ; ses œufs, d'une grosseur moyenne, sont assez abondants, et les poulets croissent rapidement. Cette espèce s'engraisse très-facilement ; sa chair est blanche, juteuse et d'un goût exquis; aussi cette volaille se maintient-elle toujours à un prix très-élevé; malheureusement, elle est assez délicate et craint les grandes gelées et l'humidité. Il lui faut aussi, dans les premiers temps, une nourriture spéciale consistant en farine d'orge et d'avoine mise en pâtée dure au moyen de maïs ou d'orge cuits.

Le Jardin possède deux belles variétés de cette race :

1. La variété blanche;
2. — **coucou,** données par Mme la baronne Daurier.

N. RACE ESPAGNOLE.

Cette espèce n'est connue en France que depuis quelques années et nous est venue d'Angleterre qui l'avait tirée d'Espagne. Le coq est un magnifique oiseau, remarquable par l'élégance de sa taille, par son plumage du plus beau noir sur lequel tranche deux larges taches blanches de chaque côté de la tête. Sa crête, dont le bord offre de profondes découpures, est simple, lisse et d'une grandeur démesurée. Ses barbillons bien divisés sont courts et arrondis. La poule espagnole est une des meilleures pondeuses connues; ses œufs sont très-beaux et excellents, mais elle couve fort mal. Les poulets sont assez précoces et leur chair est très-délicate. Cette race est sobre et se nourrit comme toutes les autres volailles; mais elle redoute les grands froids à cause de son énorme crête qui gèle facilement.

O. RACE DE NANKIN OU DE COCHINCHINE.

La poule de Nankin, connue jusqu'ici sous le nom impropre de *poule de Cochinchine*, se trouve dans les parties chaudes du centre de la Chine. Importée en Angleterre en 1844, elle a été introduite en France en 1846 par M. l'amiral Cécile, qui en envoya, au Muséum d'histoire naturelle, plusieurs individus achetés par lui-même aux environs de Chang-Haï. C'est de là que proviennent presque tous ceux qui existent aujourd'hui en France.

L'apparence extérieure fait distinguer, au premier coup d'œil, cette race de toutes les autres. Son corps est volumineux, ramassé, court, trapu, anguleux et très-haut monté sur pattes. La crête est simple, droite et offre six à sept grandes dents ; les barbillons sont demi-longs et arrondis, et les oreillons fort courts. La couleur du plumage varie ; mais celle qui paraît propre à cette espèce est le fauve-clair ou café au lait. Les plumes des sourcils et des environs de la crête fines et hérissées ressemblent assez à des poils ; celles du cou et de la poitrine sont collantes et courtes, tandis que celles qui garnissent les cuisses et le ventre sont molles et bouffantes. Enfin la peau présente une teinte jaunâtre propre à plusieurs animaux asiatiques.

La poule de Nankin pond et couve en tout temps et en toute saison ; à peine s'interrompt-elle pendant le temps de la mue. Elle donne dans l'année de 150 à 180 œufs, d'une grosseur moyenne et d'une couleur nankin qui les fait distinguer à la première vue. La ponte est cependant plus abondante l'été que l'hiver. La faculté de pondre en toutes saisons rend cette espèce précieuse, car elle fournit des œufs au moment où nos poules sont complétement stériles.

L'incubation est évidemment le triomphe de cette race, qui peut, en toute saison, couver et faire éclore de nombreux poulets ; mais cet avantage est contre-balancé par un inconvénient : elle sait mal mener ses poussins, et les abandonne à eux-mêmes beaucoup trop tôt, pour recommencer à pondre et à couver. Les poulets ne sont ni tardifs ni précoces, et s'emplument lentement.

Cette race est douce et très-sédentaire ; elle ne pille pas, gratte peu et la moindre barrière suffit pour protéger contre elle les jardins. Elle est très-rustique, quoiqu'on en ait dit, et ne craint que les froids excessifs et la grande humidité. Quoique ne prenant pas la graisse avec autant de facilité que certaines autres races, sa chair ne laisse pas que d'être très-bonne et très-abondante, moins cependant que ne pourrait le faire croire le volume du corps, en raison de sa charpente osseuse fortement développée et très-pesante.

Les variétés que possède le jardin sont :

1. La variété fauve ; **3. La variété blanche ;**
2. **—** **noire ;** **4.** **—** **coucou.**

P. RACE DE BRAMA-POOTRA.

Cette race, la plus grande de toutes, paraît originaire du royaume d'Assam, où coule le fleuve Brahma-pootra, duquel elle tire son nom. Importée d'abord en Angleterre, elle ne fut introduite en France que vers 1850.

La poule de Brama-pootra ressemble beaucoup à celle de Nankin par son ensemble extérieur et par la disposition de son plumage, rare et collant dans les parties supérieures, touffu au contraire et comme laineux aux cuisses et au ventre. Sa tête est belle et garnie d'une crête simple et dentelée, d'une grandeur moyenne ; ses barbillons assez grands descendent en plis onduleux ; enfin ses oreillons, bien développés, retombent et semblent faire corps avec eux.

Cette espèce, comme presque toutes celles des mêmes contrées, est une intrépide pondeuse, mais couveuse moins acharnée que la poule Nankin. Ses œufs sont d'une grosseur moyenne et d'une couleur nankin foncé. Le caractère de cet oiseau est très-doux. Assez rustique et placé dans des conditions de liberté convenables, il réussit parfaitement bien et sans exiger des soins trop minutieux. La chair, moins délicate que celle de nos volailles ordinaires, est bonne cependant et très-abondante.

Les variétés de cette race que présente le Jardin sont:

1. La variété ordinaire ; **2. La variété inverse.**

Q. RACE DITE WALLIKIKI. (GALLUS ECAUDATUS.)

Cette espèce, remarquable par la beauté de son plumage et l'absence complète de la queue, paraît originaire de l'île de Ceylan et avoir été importée dans l'Asie Mineure, où elle est assez commune. Elle est bonne pondeuse et sa chair est fort délicate. Ce n'est jusqu'ici pour nous qu'un oiseau de volière.

5.

Les variétés que possède le jardin sont un don de S. E. Ve-fick-Effendi.

1. La variété blanche;	**3. La variété fauve;**
2. — **noire;**	**4.** — **bleue.**

R. POULE NÉGRESSE. (Gallus morio.)

Don de M_{me} Passy.

Cette race naine, une des plus nouvelles et des plus curieuses que l'on possède, est originaire de l'Inde. Elle est remarquable par la couleur noire de sa peau, qui tranche sur la blancheur de son plumage un peu hérissé, comme crépu, et d'une finesse extrême. Elle porte une demi-huppe un peu en arrière; sa crête double, frisée, d'un rouge presque noir, fait contraste avec ses oreillons d'un bleu verdâtre et nacré. C'est une excellente couveuse.

S. RACE DE JAVA.

Cette poule, de très-petite taille, joufflue, d'un port très-élégant et à crête double, paraît provenir de l'île dont elle porte le nom. C'est une race d'ornement entre toutes.

Les variétés que possède le Jardin sont :

1. La variété noire;	**2. La variété blanche.**

T. RACE CHINOISE. (Gallus pusillus.)

Cette très-petite race, fort commune en Angleterre, est excellente couveuse et très-propre à faire éclore, dans les volières, les œufs de colins, de perdrix et d'autres oiseaux de petite taille.

U. RACE DE BENTAM.

Cette race, si remarquable par sa forme mignonne et gracieuse et par la richesse de son plumage, nous vient d'Angleterre, où l'on assure qu'elle a été créée.

La différence des sexes, dans cette petite race, est peu sensible; le mâle ne porte pas à la queue ces plumes recourbées qu'on nomme *faucilles*. La crête est frisée, oblongue et d'un volume proportionné, légèrement aplatie et pointue en arrière.

Cette poule, qui pond et couve très-bien, est, comme la précédente, très-utile pour faire éclore les œufs de colins, de perdrix, etc.

Le Jardin en possède plusieurs variétés, qui sont :

1. La variété argentée, que l'on préfère généralement ;
2. — **dorée ;**
3. — **citronnée.**

V. RACE COUCOU D'ANVERS.

Cette race a été, dit M. Jacques, récemment *fabriquée* en Hollande. Elle est fort élégante, assez bonne pondeuse, mais médiocre couveuse. C'est un oiseau de volière.

PÉNÉLOPE MARAIL. (PENELOPE MARAIL.)

Allemand : *Der Marail.* — Anglais : *The Brasilian Guan.* — Espagnol : *El Yacú ma-ray.* — Italien : *La Penelope marail.*

Donnés par M. Chapuis.

PÉNÉLOPE A TÊTE BLANCHE. (PENELOPE PILEATA.)

Anglais : *The pileated Guan.* — Espagnol : *El Yacú de cabeza blanca.* — Italien : *La Penelope con la testa blanca.*

Ces oiseaux, exclusivement propres aux régions intertropicales et tempérées de l'Amérique méridionale, peuvent être regardés comme les représentants des faisans dans le nouveau monde. Ils vivent en petites familles dans les forêts et dans les broussailles, et perchent sur les branches les plus basses des arbres. Ils se tiennent cachés pendant le jour et sortent le soir et le matin pour se rendre sur la lisière des bois, et y chercher leur nourriture qui consiste en graines, fruits, bourgeons, jeunes pousses d'herbes, etc. Ils portent en marchant la queue un peu baissée et l'ouvrent à chaque mouvement ; leur vol est bruyant, bas, embarrassé et de peu d'étendue.

La femelle pond environ huit œufs dans un nid qu'elle construit avec des bûchettes sur un arbre touffu.

Ces oiseaux, dont la chair rappelle celle du faisan, s'élèvent avec la plus grande facilité en domesticité. Ce serait une précieuse acquisition, comme gibier pour nos parcs, ou comme volaille, si l'on parvenait à les multiplier dans notre pays.

HOCCO ALECTOR. (Crax alector.)

Allemand : *Der guajanische Hokko* oder *Pauwis*. — Anglais : *The crested Curassow.* — Espagnol : *El Pavo del monte de la Guiana.* — Italien : *La Crace Alettore.*

Don de M. Bataille.

C'est dans les vastes forêts de la Guyane et du Brésil, et même jusqu'au Mexique, que vit, en troupes plus ou moins nombreuses, cet oiseau, si remarquable par sa taille et son plumage tout noir à reflets verdâtres. Il se plaît dans les lieux les plus élevés des forêts et, comme le dindon, il aime à se percher sur les arbres les plus hauts. Sa démarche à terre est lente et grave, son vol bruyant et lourd.

L'alector vit de graines, de baies, de bourgeons et surtout des fruits du thoa piquant, qu'il avale tout entiers. Son caractère est doux et si confiant qu'il ne fuit les approches de l'homme que lorsqu'il a été longtemps poursuivi.

La femelle place son nid, composé de bûchettes entrelacées et garni de feuilles en dedans, tantôt sur le sol, tantôt dans les anfractuosités des rochers ou sur les grosses branches de certains arbres. La ponte est de cinq à huit œufs, blancs comme ceux de la poule commune et gros comme ceux du dindon, mais dont la coquille est fort épaisse. Les petits courent en naissant et se développent lentement.

La chair du hocco est blanche, tendre, juteuse, d'un goût exquis, et ne le cède en rien, suivant nous, qui en avons mangé plusieurs fois au Brésil, à celle du faisan.

Les habitudes sociales de cet oiseau semblent l'indiquer à la domestication ; aussi s'y ploie-t-il avec la plus grande facilité, et, sans l'insouciance des habitants des contrées où il vit, il y a longtemps qu'il serait domestique.

Des tentatives ont été faites à diverses reprises pour acclimater et propager en Europe ce bel oiseau. L'impératrice
Joséphine en avait plusieurs à la Malmaison ; mais l'humidité
froide des lieux qu'ils occupaient les fit périr jusqu'au dernier
d'une maladie particulière des pattes. Plus tard, d'autres essais furent faits en Hollande par M. Ameshoff, qui était parvenu à avoir dans sa basse-cour des hoccos en aussi grande
abondance que les autres volailles. Lord Derby en possédait aussi dans son parc de Knowsley, où ils se sont parfaitement acclimatés et régulièrement reproduits.

HOCCO GLOBICÈRE. (CRAX GLOBICERA.)

Allemand : *Der curassavische Hokko.* — Anglais : *The globose Curassow.* —
Espagnol : *El Pavo del monte del Brasil.* — Italien : *La Crace globigera.*

Cette espèce, qui diffère principalement de la précédente
par l'excroissance arrondie placée à la base de la mandibule
supérieure du bec et qui précède la membrane jaune, se
trouve principalement au Brésil et dans la province de Mis-
siones.

HOCCO A BARBILLONS. (CRAX CARUNCULATA.)

Allemand : *Der warze Hokko.*

Le hocco à barbillons diffère de l'alector, en ce qu'il a la
mandibule inférieure du bec garnie d'une membrane rouge
qui la dépasse un peu. Cette espèce est propre au Brésil et
s'étend jusqu'au Paraguay.

HOCCO FASCIOLÉ. (CRAX FASCIOLATA.)

Ce qui distingue ce hocco de ses congénères, auxquels d'ailleurs il ressemble par le volume et par la forme, c'est son
plumage d'un brun foncé rayé de blanc.

PAUXI MITU. (CRAX MITU.)

Cette espèce, propre à l'Amérique méridionale, se trouve
assez communément au Brésil et à la Guyane. Très-voisine de

l'alector, elle n'en diffère guère que par son bec et ses pieds d'un rouge ponceau et par ses rectrices noires terminées de blanc.

PAON ORDINAIRE. (PAVO CRISTATUS DOMESTICUS.)

Allemand : *Der Pfau.* — Anglais : *The crested Peacock.* — Espagnol : *El Pavo real.* — Italien : *Il Pavone.*

Un des mâles, venant de Buénos-Ayres, a été donné par M. Adolphe Quesnel.

PAON DU JAPON. (PAVO JAPONICUS.)

Allemand : *Der japanische Pfau.* — Anglais : *The Japan Peacock.* — Espagnol : *El Pavo real del Japon.* — Italien : *Il Pavone del Giappone.*

Cet oiseau est originaire de l'Inde. Les contrées où on le trouve le plus communément sont : la province de Guzurate, les environs de Calicut, la côte de Malabar, le Bengale et les frontières du royaume de Siam. Il existe aussi à l'état sauvage dans les îles de Sumatra, de Bornéo et de Ceylan.

Le paon sauvage vit par petites troupes, sur la lisière des grands bois et perche la nuit sur les arbres les plus élevés. Le paon domestique a conservé la même habitude et ne dort jamais à terre.

La femelle pond au printemps une douzaine d'œufs blancs, sans taches, avec des pores très-marqués, formant comme des excavations ponctiformes, et de la grosseur de ceux du dindon. Elle recherche, pour les déposer dans un nid grossièrement établi à terre, les lieux les plus secrets, afin de les dérober au mâle, qui ne manquerait pas de les casser.

On croit que le paon a été importé de l'Inde par les flottes de Salomon ; mais il ne s'est répandu dans l'Europe méridionale qu'après les conquêtes d'Alexandre. Aristote, Collumelle, Varron et Pline en parlent, et du temps du dernier de ces auteurs, il était assez commun en Italie. L'orateur Hortensius est le premier qui, à Rome, ait fait servir cet oiseau sur la table. Au moyen âge, il était d'usage parmi nous de servir un paon rôti à tous les repas d'apparat. Aujourd'hui la chair de cet oiseau est fort peu appréciée, quoiqu'elle soit réellement fort bonne lorsque l'animal est jeune.

Parmi les variétés de paons, la plus remarquable est la blanche; mais elle n'est pas constante.

Le paon du Japon, peu répandu jusqu'ici, ne diffère du
précédent que par les plumes des ailes, qui ont des reflets
métalliques comme celles du reste du corps. La femelle de
cette espèce est blanchâtre.

DINDON DOMESTIQUE. (MELEAGRIS GALLO-PAVO.)

Allemand : *Der Truthan.* — Anglais : *The Turkey.* — Espagnol : *El Pavo.*
— Italien : *Il Gallo d'India.*

Cet oiseau, l'un des plus grands des gallinacés, est une acquisition assez récente pour l'Europe, car elle ne date que du
seizième siècle. Il est propre aux régions tempérées de l'A-
mérique du Nord, où on le rencontre encore communément
l'état sauvage, surtout dans les États de l'Ohio, du Ken-
tucky et de l'Illinois.

Le dindon sauvage vit tantôt isolément, tantôt par troupes
plus ou moins nombreuses, dans les bois et les campagnes
ouvertes de broussailles et de grandes herbes, et se retire
la nuit sur les arbres les plus élevés. Ces oiseaux font souvent,
vers l'automne, d'assez longs voyages, mais non réguliers,
comme ceux de certains autres oiseaux; ils n'ont lieu que
pour se procurer une nourriture plus abondante. Ils voyagent
par troupes distinctes, les unes composées des mâles seulement, les autres des femelles et des jeunes. Ces dernières,
tout en suivant la même direction que les mâles, les évitent
avec le plus grand soin ; car ils ne manqueraient pas de les
attaquer avec fureur.

Ces migrations se font par terre et assez lentement, ces oiseaux ne prenant leur vol que s'ils sont poursuivis, ou pour
passer un cours d'eau un peu considérable.

Arrivées au terme du voyage, les troupes se divisent, chaque individu cherche sa nourriture de son côté : glands, châ-
taignes, faînes, maïs et fruits de toute espèce, insectes, lézards, mulots, tout leur est bon. A ce moment, ces oiseaux
deviennent très-gras.

La femelle fait son nid avec quelques feuilles sèches, d.
une légère excavation du sol, au pied d'une souche ou s
un buisson, mais toujours dans un lieu très-sec. Elle y p
de dix à quinze, et quelquefois jusqu'à vingt œufs d'un bl;
sale et tachetés de points rougeâtres. Lorsqu'elle s'éloigne
son nid, elle le couvre de feuilles pour le dérober au m;
qui casserait ses œufs.

Le naturel du dindon est d'une extrême timidité; au moin
danger, il fuit et se tapit dans les herbes et les broussail

Dans l'Amérique du Nord, les dindons sauvages se crois
volontiers avec les femelles domestiques; les œufs de
dinde sauvage, couvés par une poule domestique, donn
des produits très-recherchés.

Oviédo est le premier qui ait parlé de cet oiseau. Se
quelques historiens, il existerait en France depuis 1518
1520, et c'est à Bourges que les premiers auraient été é
vés; selon d'autres, le dindon aurait été d'abord introd
en Espagne, d'où il aurait passé en Angleterre vers 15
L'opinion qui attribue aux Jésuites son importation en l
rope ne repose sur aucune base certaine. Le premier din
mangé en France le fut aux noces de Charles IX, en 15
Cet oiseau, encore fort rare sous Henri IV, ne commenç
devenir commun que vers 1630.

Le plumage d'un beau noir irisé du dindon sauvage est
venu très-variable par la domesticité; cependant il s
formé certaines variétés assez fixes dont les principales,
possède le Jardin, sont :

1. La variété blanche;
2. 　　— 　　 **grise;**
3. 　　— 　　 **cuivrée panachée et jaspée,** données
　　　　　　 MM. Lareveillère-Lepeaux et Daudin;
4. 　　— 　　 **rouge,** donnée par Mme Andréa.

PINTADE. (Numida meleagris.)

Allemand : *Das Perlhuhn,* — Anglais : *The Guinea Hen.* — Espagnol : L
Pintada ó Gallina de Guinea. — Italien : *La Gallina de Numidia.*

La pintade, que l'on appelle encore *Poule numidique,* a

caine, de Barbarie, etc., est originaire du nord de l'Afrique, et était connue des anciens sous le nom de *Meleagris*.

Cet oiseau est, depuis un temps immémorial, réduit à l'état de domesticité ; mais son caractère inquiet et despote, et surtout ses cris assourdissants, le rendent désagréable dans nos basses-cours. Sa chair, fort délicate, ne le cède qu'à celle du faisan.

Les œufs de la pintade, plus petits que ceux de poule, et très-remarquables par l'épaisseur de leur coquille, sont d'un blanc jaunâtre, pointillés de brun plus ou moins foncé. Il y en a de nankin, uni-colores. La ponte est de dix-huit ou vingt œufs, que la poule dépose dans un nid grossièrement fait et qu'elle cache dans les haies et les buissons, loin des habitations.

III. ÉCHASSIERS.

GRANDE OUTARDE. (Otis tarda.)

Allemand : *Der grosse Trappe*. — Anglais : *The great Bustard*. — Espagnol :
La Avutarda. — Italien : *La Ottarda maggiore*.

Ces oiseaux ont été donnés, les uns par S. M. l'Empereur, et les
autres par S. A. I. l'Archiduc Ferdinand-Maximilien d'Autriche.

L'outarde, bien connue des anciens et mentionnée par
Pline sous le nom d'*Avis tarda*, d'où, par corruption, s'est
formé celui qu'elle porte en français, est indigène et le plus
grand des oiseaux coureurs de l'Europe. On la trouve communément en Hongrie, en Algérie et surtout en Crimée. Autrefois assez commune en Angleterre et en France, elle y est
devenue fort rare ; on n'en rencontre plus dans les plaines de
la Champagne, en Lorraine, en Poitou et dans la Crau, aux
environs d'Arles, que quelques individus qui n'y sont que de
passage.

Cet oiseau évite les lieux boisés et vit en troupes peu nombreuses dans les plaines sablonneuses, rocailleuses, découvertes et un peu élevées. Essentiellement disposé pour la
marche, il a le vol pesant et bas. A terre, lorsqu'il est tranquille, sa marche est grave, lente et posée ; mais s'il est
poursuivi, elle devient si rapide et si soutenue que les meilleurs chiens ne peuvent l'atteindre. Il se nourrit d'herbes, de
graines diverses, de vers et d'insectes.

L'outarde est polygame ; vers la fin du printemps, les femelles s'isolent pour pondre. Elles font à terre leur nid,
simple trou dans lequel elles déposent de deux à trois œufs
d'un brun olivâtre avec des taches plus foncées et gros
comme ceux de l'oie. Les petits, qui courent en naissant, sui-
vent la mère pour chercher leur nourriture.

Ces oiseaux, farouches et craintifs à l'excès, s'enfuient à la
moindre apparence de danger qu'ils aperçoivent de fort loin ;

pendant les jeunes outardes s'apprivoisent facilement et habituent sans peine à la vie de la basse-cour.

L'abondance et la délicatesse de la chair de cet oiseau, qui se jusqu'à dix kilogrammes, ont fait souvent penser à le ndre tout à fait domestique ; mais les tentatives faites jusu'ici n'ont pas complétement réussi, malgré le prix de mille ancs proposé, il y a deux ans, pour sa domestication et sa production, par la Société impériale d'acclimatation.

OUTARDE CANE-PÉTIÈRE. (Otis tetrax.)

Allemand : *Der kleine Trappe.* — Anglais ; *The little Bustard.* — Espagnol : *La Avutarda pequeña.* — Italien : *La Ottarda minore.*

Cet oiseau, à peu près de la taille du faisan, est, comme le récédent, propre à l'Europe. On le trouve en Italie et surut en Sardaigne, en Grèce et dans l'Asie Mineure. Peu onnu en Allemagne et en Angleterre, il est plus abondant en rance, dans le Maine, le Poitou, le Berry, principalement aux nvirons de Bourges et de Châteauroux. Il niche dans certains épartements, tandis que dans d'autres il n'est que de passage.

Vivant habituellement isolé ou par couple, cet oiseau se laît dans les champs d'avoine ou d'orge, dans les luzernes et es sainfoins ; c'est pour cela qu'on lui a donné le nom de *oule des prés.* Il se nourrit de graines et d'insectes. Son vol st bas et peu soutenu, sa course très-rapide et son caractère resque aussi farouche que celui de la grande outarde. La feelle fait son nid dans les herbes et y pond de trois à cinq eufs d'un vert brillant. Sa chair noire est un mets très-reherché.

VANNEAU COMMUN. (Vanellus cristatus.)

Allemand : *Der Kiebitz.* — Anglais : *The lapwing Sandpiper.* — Espagnol : *El Vanclo.* — Italien : *Il Vanello crestato.*

Le vanneau se fait remarquer par les beaux reflets vert uivrés de son plumage presque complétement noir et par 'aigrette composée de plumes longues et effilées, d'un noir rillant, qui se balance sur sa tête et retombe sur son col en

se relevant à son extrémité. Essentiellement voyageur, c
oiseau arrive en France au printemps, par grandes troupe
des régions septentrionales de l'Europe, et la quitte vers
mois d'octobre ; cependant il en reste toujours quelques-u
qui passent l'hiver dans nos climats. Il vit en bandes, dans l
terrains humides, se nourrit de vers de terre, qu'il sait fai
sortir en frappant le sol avec ses pieds, et aussi d'araignée
de chenilles, de petits colimaçons, etc. Ces oiseaux rende
de grands services à l'agriculture en détruisant une fou
d'animaux nuisibles. Leur vol est puissant et de long
haleine.

Les femelles pondent, sur une motte de terre élevée a
dessus du marécage, quatre ou six œufs d'un vert sombre
tachetés de noir.

Quoique d'un naturel farouche et querelleur, le vannea
s'apprivoise facilement et vit très-bien en captivité. No
avons eu, dans l'Amérique du Sud, plusieurs individus d'u
espèce très-voisine qui étaient devenus familiers au point d
nous suivre partout.

La chair de cet oiseau est très-recherchée à l'époque de l
migration d'automne ; le reste du temps, elle est sèche et c
riace. Ses œufs, au contraire, sont des plus délicats.

HUITRIER VULGAIRE. (Hæmatopus ostralegus.)

Allemand : *Der Austerfischer*. — Anglais : *The pied Oystercatcher*. — Espagnol
El Ostrero. — Italien : *L'Ematopo comune*.

Cet oiseau, qui porte le nom de *Pie-marine*, à cause de
couleurs noire et blanche de son plumage, est propre au nor
de l'Europe. Il abonde en Islande, en Danemark, en Angle
terre et en Hollande ; en France, il est moins commun. Il vi
en troupes sur les bords de la mer où il trouve sa nourri
ture, qui consiste en huîtres et autres coquillages bivalves

Les huîtriers volent très-bien ; mais, quoique migrateurs
ils ne paraissent pas faire de longs voyages. Ils nagent mal
mais à terre ils courent avec une grande vitesse.

Ils nichent tantôt sur la grève nue, tantôt dans le creux d'u
rocher ou enfin dans les herbes du rivage. Les œufs, a

ombre de deux ou quatre, sont olivâtres et parsemés de ombreuses taches noires.

Cet oiseau s'apprivoise facilement, mais sa chair est mau-aise, et on ne peut le considérer que comme un objet d'a-rément.

AGAMI. (Psophia crepitans.)

Allemand : *Der Trompetenvogel.* — Anglais : *The Gold-breasted Trompeter* or *Agami.* — Espagnol : *Il Trompetero ó Agamí.* —Italien : *L'Ucello trombetta.*

Don de **M.** Bataille.

Cet oiseau, propre à l'Amérique méridionale et particulière-ent à la Guyane, au Brésil et à la Colombie, vit en troupes e quinze à trente individus, dans les grandes forêts. Il re-erche les lieux élevés et s'éloigne des terrains découverts ou arécageux. Son vol est court, mais sa course est très-rapide; rdinairement, il marche gravement et à pas comptés, mais rfois il saute et gambade comme font les cigognes, et omme elles aussi il se tient sur une seule patte. Il se nour-t de baies, de graines, de vers et d'insectes. Le nid n'est l'un simple trou creusé en terre au pied d'un arbre. La onte est de dix à quinze œufs presque sphériques et d'un rt clair. Les petits courent presque en naissant.

L'agami s'apprivoise avec la plus grande facilité, et s'attache son maître, dont il recherche les caresses et se montre ès-jaloux. Élevé en domesticité, il déploie une intelligence s plus remarquables; il s'établit en quelque sorte l'arbitre s habitants de la basse-cour; protégeant les faibles contre s plus forts et les défendant avec un courage réellement ad-irable contre des ennemis beaucoup plus forts que lui. On ut dire en un mot qu'il remplit pour les volailles l'office du ien pour les troupeaux. Les observations faites sur l'individu e possède le Jardin ne laissent aujourd'hui aucun doute r les qualités réellement extraordinaires de cet oiseau.

Les Indiens chassent l'agami, non pour sa chair, qui est noire coriace, mais pour les plumes éclatantes qui garnissent le s du col et la poitrine, et dont ils se font des parures.

GRUE COURONNÉE. (Grus pavonia.)

Allemand : *Der Kronenkranich.* — Anglais : *The crowned Crane.* — Espagnol : *La Garza coronada.* — Italien : *La Gru coronata.*

La grue couronnée, nommée aussi l'*Oiseau royal*, à cause du bouquet de plumes raides, d'un jaune d'or et terminées par un pinceau noir qu'elle porte sur la tête et qu'elle étale à volonté, habite les parties chaudes de l'Afrique, et particulièrement les contrées de la Gambra et du cap Vert.

Cet oiseau vit habituellement dans les lieux inondés où il se nourrit de petits poissons, de vers et d'insectes ; cependant il s'avance parfois dans les terres pour y paître l'herbe et y chercher certaines graines. Son vol est très-élevé, puissant et soutenu. Sa démarche habituelle est lente et grave ; mais il court aussi très-vite en ouvrant les ailes ; enfin il aime à se percher pour dormir comme font les paons.

D'un caractère doux et paisible, la grue couronnée paraît se plaire dans la société de l'homme. Au cap Vert, elle est si familière qu'elle vient chercher sa nourriture jusque dans les basses-cours. Elle vit très-bien en Angleterre et en France, et si l'on pouvait la faire s'y multiplier, ce serait un magnifique ornement pour nos parcs.

GRUE DE NUMIDIE. (Grus virgo.)

Allemand : *Der Iungfernkranich.* — Anglais : *The demoiselle Crane.* — Espagnol *La Cigüeña de Numidia.* — Italien : *La Gallina de Faraone.*

Cet oiseau, propre à l'ancien continent, se trouve en Afrique et surtout dans l'ancienne Numidie ; en Égypte, où on le voit arriver aux époques de l'inondation du Nil, et en Asie, dans les environs de la mer Caspienne. Il vit habituellement dans les lieux marécageux. Sa nourriture consiste en insectes, vers, coquillages, poissons et reptiles de petite taille. Son vol est soutenu et puissant, mais il a peine à s'élever de terre.

La femelle place son nid sur de petites buttes de terre ou de gazon, dans les roseaux des marécages. Elle y arrange assez négligemment quelques herbes fines sur lesquelles elle dépose deux œufs seulement.

Les anciens connaissaient cet oiseau, qu'ils appelaient le *Comédien* à cause des bonds et des sautillements auxquels il se livre souvent, et qu'ils regardaient comme une sorte de danse.

Le nom français de *Demoiselle de Numidie* lui vient de son élégance, de son joli plumage, de sa marche cadencée, et de la manière dont il s'incline comme pour faire la révérence. D'un caractère gai et peu farouche, il s'apprivoise très-aisément. Six individus ont vécu longtemps à la ménagerie de Versailles et s'y sont reproduits ; la même chose a eu lieu à Anvers. C'est un charmant ornement pour nos parcs.

GRUE CENDRÉE. (Ardea cinerea.)

Allemand : *Der Kranich.* — Anglais : *The Crane.* — Espagnol : *La Grulla.*
Italien : *La Gru.*

Cette espèce, la plus connue parmi nous, est originaire des contrées septentrionales de l'Europe qu'elle quitte l'hiver pour les régions plus tempérées du centre et même du midi. Elle arrive, en bandes plus ou moins nombreuses, et vient s'abattre dans les plaines marécageuses qui avoisinent les grands fleuves. Son vol est très-élevé, et les bandes sont disposées en ligne représentant un triangle.

C'est dans les marais du Nord, sur de petites buttes de gazon, que la grue fait son nid avec des joncs et des herbes entrelacés. La ponte n'est que de deux œufs d'un cendré verdâtre que le mâle couve avec la femelle. Cet oiseau, pris jeune, s'apprivoise aisément et même devient très-familier.

La chair de la grue était regardée par les anciens comme un met très-recherché. Assez bonne, dit-on, chez les jeunes individus, chez les vieux elle est noire et coriace.

HÉRON COMMUN. (Ardea major.)

Allemand : *Der aschgraue Reiher.* — Anglais : *The common Heron.* — Espagnol :
La Garza real. — Italien : *L'Aghirone cenericcio.*

Le héron est répandu dans presque toutes les parties du globe, en Afrique et surtout en Égypte, en Perse, au Malabar, au Japon, au Chili, en Sibérie et jusque dans les régions arctiques. En Europe, on le trouve surtout en Hollande, en Angleterre et en France.

Cet oiseau vit solitaire dans les forêts qui avoisinent les rivières et les lacs, ou dans les terrains entrecoupés d'eau. Sa nourriture consiste principalement en poissons, même d'une assez grande taille, en grenouilles, reptiles, mollusques, et même en petits mammifères. Son vol est magnifique et très-élevé ; sa démarche à terre est lente et grave, mais il marche peu et se tient plus volontiers perché sur un pieu ou un tronc d'arbre, le cou replié sur la poitrine, immobile et attendant sa proie, sur laquelle il lance son long bec pointu et dur.

La femelle établit son nid, composé de bûchettes, de joncs et de plumes, au sommet des arbres les plus hauts, mais quelquefois aussi dans les buissons voisins des étangs ou des rivières. La ponte est de trois ou quatre œufs d'un beau vert de mer, de forme allongée et presque également pointus des deux bouts.

D'un caractère triste et méfiant, le héron, pris jeune, s'apprivoise cependant avec facilité, et vit bien en captivité. La chasse de cet oiseau a été très-longtemps en vogue. Pour faciliter la multiplication des hérons, on leur préparait, au sommet des arbres, sur le bord des eaux, des retraites formées de châssis à claire-voie où ils faisaient leurs nids. Ces lieux se nommaient *Héronnières* et donnaient certains produits par la vente des petits.

La chair du héron sèche et dure était cependant réputée viande royale et servie dans les repas d'apparat.

HÉRON POURPRÉ. (Ardea purpurea.)

Allemand : *Der Purpurreiher.* — Anglais : *The crested-purple Heron.* —
Espagnol : *La Garza purpurea.* — Italien : *L'Aghirone purpurea.*

Cet oiseau, remarquable par la huppe qu'il porte sur le derrière de la tête et qui est formée de plumes effilées à reflets verdâtres, dont deux atteignent jusqu'à quatorze centimètres de longueur, habite les régions méridionales de l'Europe et de l'Asie. Il est commun sur les bords de la mer Noire. En été, on le voit en Hollande et sur les bords du Rhin.

Solitaire comme le précédent, il vit dans les environs des lacs et dans les terrains marécageux. Sa nourriture est la même que celle de son congénère. Il vole bien; mais il a peine à s'élever de terre à cause de la longueur de ses ailes. Rarement il niche sur les arbres; il préfère placer son nid dans les roseaux et les broussailles. La ponte est de trois œufs d'un verdâtre azuré. Ce n'est pour nous qu'un oiseau d'ornement.

BIHOREAU POUACRE. (ARDEA NYCTICORAX.)

Allemand : *Der Nachtreiher.* — Anglais : *The night Heron.* — Espagnol : *El Cuervo nocturno.* — Italien : *L'Aghirone nittiora.*

Cet oiseau se rencontre principalement sur les bords de la mer Caspienne; mais il existe aussi dans diverses contrées de l'Asie et de l'Amérique du Nord. Très-commun l'hiver en Égypte, on le voit, pendant l'été, dans le midi de la France. Il vit sur les rivages de la mer, sur le bord des fleuves et des étangs couverts de joncs et de roseaux.

Sa nourriture consiste en insectes, limaces, grenouilles, poissons, etc. Aussi solitaire que les autres hérons, il reste tout le jour caché et ne sort qu'à l'approche de la nuit. Il place son nid tantôt à terre et tantôt dans les fentes de rochers. Ce nid, grossièrement fait, contient trois ou quatre œufs d'un bleu clair sans taches.

CIGOGNE BLANCHE. (CICONIA ALBA.)

Allemand : *Der weisse Storch.* — Anglais : *The white Stork.* — Espagnol : *La Cigüeña blanca.* — Italien : *La Cicogna bianca.*

Partout oiseau de passage, non pour éviter le froid qu'elle supporte très-bien, mais pour se procurer toujours une nourriture abondante, la cigogne blanche vit l'hiver en Afrique et surtout en Égypte. Au printemps, elle revient en Europe, où on la trouve communément en Hollande, en Allemagne, en Pologne, en Russie et en France. Elle est rare en Italie et

6

surtout en Angleterre. En France, elle fréquente plus volontiers l'Alsace et les provinces du Nord.

Cet oiseau évite les lieux déserts et arides, et affectionne
au contraire les villages et les villes. Il vit de limaçons, de
vers, de grenouilles et de reptiles, auxquels il fait une chasse
acharnée. Son vol puissant lui permet de faire de très-longs
voyages.

La femelle construit son nid avec des bûchettes et des
joncs dans les lieux élevés, comme une vieille tour, un clo-
cher, une cheminée. Quand elle retrouve celui de l'année
précédente, elle se borne à le réparer. La ponte est ordinairement de deux et quelquefois de quatre œufs blancs, un
peu ternes et moins gros mais plus allongés que ceux
de l'oie.

D'un naturel doux et confiant, la cigogne s'apprivoise avec
la plus grande facilité, et devient familière au point de se
mêler aux jeux des enfants dans la maison où on la nourrit.
Toujours protégée dès les temps les plus reculés, il a été
longtemps défendu de la tuer sous les peines les plus sévères,
et aujourd'hui encore on cherche à l'attirer en lui préparant,
près des habitations, des endroits commodes où elle puisse
nicher. Ces soins ne sont qu'une juste récompense des services que rend cet oiseau, en détruisant une grande quantité
de reptiles et d'animaux nuisibles.

CIGOGNE NOIRE. (Ciconia nigra.)

Allemand : *Der schwartze Storch.* — Anglais : *The black Stork.* — Espagnol :
La Cigüeña negra. — Italien : *La Cicogna nera.*

Cette espèce, aussi farouche que la précédente est confiante,
se trouve principalement en Suisse; on la voit encore en Pologne, en Prusse et dans d'autres parties de l'Allemagne. Elle
hiverne en Égypte où elle est fort commune. Très-rare en
Hollande, on la rencontre quelquefois en France dans la Lorraine. Elle fuit les lieux habités, et vit solitaire dans les marais écartés et sur les bords des lacs. Elle se nourrit à peu
près comme sa congénère. Son vol est très-élevé et souvent on
la perd de vue. Elle fait son nid sur les grands arbres, au

bord des eaux, et pond deux ou trois œufs d'un blanc un peu sale sans taches.

Malgré son naturel farouche, cet oiseau, purement d'orne-ment, s'apprivoise assez facilement.

MARABOUT. (Ciconia crumenifera.)

Allemand : *Der Beutelstorch.* — Anglais : *The Marabou Stork.* — Espagnol : *La Cigüeña Marabú.*

Le marabout, qu'on nomme encore *Cigogne à sac,* habite la côte occidentale de l'Afrique et principalement le Sénégal. où il vit, en troupes nombreuses, à l'embouchure des grands fleuves. Cet oiseau, qui se nourrit de coquillages et de poissons, détruit aussi beaucoup de serpents et d'animaux nuisibles.

Le marabout, d'un caractère très-timide, s'apprivoise avec la plus grande facilité. Dans quelques-uns des pays qu'il ha-bite, on l'a réduit à une sorte de domesticité, pour se pro-curer facilement et sans être obligé de le tuer certaines plu-mes soyeuses, à barbes fines et frisées et d'un blanc de neige, qu'il porte de chaque côté du croupion. Ces plumes, connues sous le nom de *Marabouts,* et très-recherchées pour la toilette des dames, sont l'objet d'un commerce assez considérable.

SPATULE BLANCHE. (Platalea leucorodia.)

Allemand : *Der weisse Löffler.* — Anglais : *The white Spoonbill.* — Espagnol : *La Espatula.* — Italien ; *La Platalea mestolone.*

La spatule, ainsi nommée de la forme toute particulière de son bec aplati et élargi par le bout, est un oiseau de passage qui se trouve dans presque toutes les contrées de l'ancien monde. Il fréquente les côtes marécageuses de la Hollande, de la Bretagne et de la Picardie pendant l'été, et quitte nos climats en même temps que la cigogne. Ces oiseaux se tiennent de préférence dans les marécages ombragés par d'épais bosquets. Leur nourriture consiste en frai de pois-son, en insectes et en petits reptiles. Leur vol est très-sou-tenu.

La femelle fait, sur les arbres les plus élevés du rivage, et quelquefois à terre, au milieu des joncs, son nid composé de bûchettes et de joncs, et tapissé d'un matelas de duvet. La ponte est de deux ou trois œufs blancs et marqués de petites taches roussâtres.

D'un caractère doux et sociable, la spatule s'apprivoise facilement et s'accommode assez bien de la vie domestique. Sa chair n'est pas bonne à manger, mais c'est un bel oiseau d'ornement.

IBIS SACRÉ. (IBIS RELIGIOSA).

Allemand : *Der geweihte Ibis.* — Anglais : *The sacred Ibis.* — Espagnol : *El Ibis sagrado.* — Italien : *L'Ibis bianca.*

L'ibis sacré, ainsi nommé parce que les anciens Égyptiens lui rendaient une sorte de culte, est un oiseau migrateur, qui habite la haute Nubie et l'Éthiopie.

Il vit par petites troupes de huit à dix individus, dans les terrains marécageux, et se nourrit de vers, d'insectes aquatiques et de petits coquillages, qu'il cherche en fouillant la vase avec son bec. Son vol est puissant et élevé, mais sa démarche à terre est lente et mesurée. Il niche sur les arbres où il perche quelquefois.

Le nid de cet oiseau se compose de bûchettes, de joncs et d'herbes sèches assez bien arrangées, et contient deux ou trois œufs blanchâtres.

De mœurs douces et paisibles, l'ibis, pris jeune, s'apprivoise facilement. Sa chair est huileuse et coriace ; mais celle des petits est, dit-on, assez agréable à manger. Ce n'est pour nous qu'un objet d'ornement.

IBIS ROUGE. (IBIS RUBRA.)

Allemand : *Der rothe Ibis.* — Anglais : *The scarlet Ibis.* — Espagnol : *El Ibis rojo.* — Italien : *L'Ibis rossa.*

Donnés par M. Bataille.

Cette espèce, propre à toutes les contrées chaudes de l'Amérique du Sud, vit en troupes nombreuses sur les bords de la mer, et de préférence sur les plages sablonneuses des grandes rivières et dans les endroits inondés et marécageux. Cet oiseau se nourrit d'insectes, de coquillages et de poissons qu'il cherche dans la vase. Pendant la nuit et la grande chaleur du jour, il se tient caché sous les arbustes du rivage et ne sort que le matin et le soir pour chercher sa nourriture. Son vol est soutenu et rapide ; sa démarche à terre est lente et grave.

La femelle fait son nid dans les grandes herbes avec des bûchettes et des joncs entrelacés et y pond des œufs de couleur verdâtre.

D'un naturel peu farouche, ces oiseaux s'apprivoisent facilement. Nous en avons vu plusieurs qui allaient au loin et revenaient le soir à la maison, à l'heure où on avait l'habitude de leur donner de la nourriture. Leur chair est mauvaise; mais s'il était possible de les acclimater parmi nous, ce serait un magnifique ornement pour nos parcs, en raison de leur belle couleur rouge et de leur élégance.

COURLIS VULGAIRE. (Numenius arcuatus.)

Allemand : *Der grosse Brachvogel.* — Anglais : *The common Curlew.* — Espagnol : *El Chorlo.* — Italien : *Il Numenio chiurlo.*

Cet oiseau se trouve en Sibérie et autres contrées du Nord, qu'il quitte au printemps pour se répandre, vers le Sud, jusqu'en Grèce et en Égypte. Il arrive en France vers le mois d'avril et la quitte à la fin d'août. Quelques individus cependant passent l'hiver dans nos climats. Les courlis vivent par bandes sur les bords de la mer, des rivières, des lacs, dans les prairies humides mais non inondées, et dans les champs sablonneux près des eaux. Ils volent bien et courent avec une extrême rapidité. La femelle pond, dans une excavation creusée dans le sable, quatre ou cinq œufs verdâtres, avec des taches arrondies, d'un brun rougeâtre et formant comme une couronne au gros bout.

Ces oiseaux, d'une méfiance extrême, s'apprivoisent assez facilement et on en voit souvent courant en liberté les jardins de la Touraine.

6.

Leur chair, autrefois très-recherchée, est aujourd'hui dédaignée. Les œufs, comme ceux du vanneau, sont des plus délicats.

BARGE MARBRÉE ORDINAIRE. (Limosa melanura.)

Allemand : *Der Pfulschnepfe.* — Anglais : *The Stone-plover.* — Espagnol : *La Limosa.* — Italien : *La Pantana.*

BARGE ROUSSE. (Limosa rufa.)

Ces deux espèces, propres à l'Europe, vivent dans les marécages et surtout dans les marais salants. Le jour, les barges se tiennent dans les roseaux et sortent le matin et le soir, pour chercher leur nourriture qui consiste en vers aquatiques et en petits crustacés ; pour cela, elles fouillent activement la vase avec leur bec mou et flexible. Leur vol d'abord assez rapide ne se soutient pas longtemps. Elles font leur nid dans les hautes herbes sur le bord des marais, et leur ponte est de trois ou quatre œufs très-gros proportionnellement et assez arrondis.

COMBATTANT. (Tringa pugnax.)

Allemand ı *Das Streithuhn.* — Anglais : *The Ruffle.* — Espagnol : *El Pavo de mar.* — Italien : *Il Pavone di mare.*

Un peu plus gros qu'une bécassine, cet oiseau d'Europe est très-commun en Hollande. Au printemps il se tient dans les prairies humides par compagnies qui, à l'automne, se répandent sur les rivages. Il vit d'insectes et de vers et court avec rapidité. Il niche dans les grandes herbes et pond quatre ou cinq œufs d'un vert clair, avec un grand nombre de petites taches brunes.

FLAMMANT. (Phænicopterus ruber.)

Allemand : *Der Flamingo.* — Anglais : *The red Flamingo.* — Espagnol : *El Flamenco.* — Italien : *Il Fenicottero rosso.*

Don de S. E. Kœnig-Bey.

Le nom de cet oiseau lui vient de la belle couleur rouge de son plumage (*flammant* en vieux français pour *flambant*), et non comme on pourrait le croire, de ce qu'il habiterait les Flandres, car il est propre à l'Afrique et aux parties méridionales de l'Europe. Le flammant se trouve en été sur les plages de la Méditerranée depuis Hyères jusqu'à Perpignan, et il est très-commun dans la Camargue, en Sardaigne et en Calabre.

Le flammant vit en troupes nombreuses sur les bords de la mer, des grands fleuves et des étangs, mais toujours sur des plages découvertes. Son vol est puissant et élevé. A terre, sa démarche est lourde et embarrassée. Il vit de coquillages, d'insectes, de larves et de frai de poisson.

La femelle établit son nid sur les plages, au sommet d'une petite éminence naturelle, et y dépose deux ou trois œufs gros comme ceux de l'oie, d'un blanc mat, et dont la coquille blanchit les corps contre lesquels on les frotte.

Le flammant, d'un caractère très-méfiant, mais doux et tranquille, est facile à apprivoiser ; cependant, il paraît s'accommoder assez mal à la captivité.

La chair et surtout la langue de cet oiseau étaient très-estimées des Romains. Ces langues seraient encore aujourd'hui recherchées en Égypte, selon Étienne Geoffroy Saint-Hilaire, pour l'huile qu'on en retire et qui sert à assaisonner les aliments.

IV. PALMIPÈDES.

FOULQUE ORDINAIRE. (Fulica atra.)

Allemand : *Das gemeine Wasserhuhn.* — Anglais : *The common Coot.* — Espagno
La *Fulica negra.* — Italien : *La Fulca.*

La foulque, vulgairement nommée *Morelle* ou *Judelle,* se trouve dans toute l'Europe et principalement en France, en Hollande, en Angleterre et surtout en Sardaigne. Cet oiseau qui habite les marais, les lacs et les étangs, se tient de préférence pendant l'été sur les pièces d'eau peu étendues ; mais vers la fin de l'automne, il se réunit en grandes troupes et gagne les grands étangs ; enfin, quand tout est gelé, il se retire dans les plaines les plus abritées. Sa nourriture consiste en vers, en insectes d'eau et en graines d'herbes marécageuses.

La femelle fait son nid dans des endroits couverts de roseaux secs. Elle en garnit l'intérieur d'herbes fines et y dépose de douze à dix-huit œufs en forme de poire, aussi gros que ceux de poule et d'un nankin sale avec de petits points bruns.

Ces œufs sont excellents à manger et on en vend beaucoup sur les marchés de la Hollande. La chair de cet oiseau est noire et d'un goût de marécage peu agréable.

GOELAND A MANTEAU NOIR. (Larus marinus.)

Allemand : *Die Secmewe.* — Anglais : *The black-backed Gull.* — Espagnol :
La Gaviota dominicana. — Italien : *Il Laro nero.*

Cet oiseau, le plus grand de ceux de cette famille, est répandu dans toutes les mers de l'Europe, de l'Afrique et de l'Amérique. Dans nos contrées, il fréquente de préférence les côtes de l'Océan. Il vit en troupes extrêmement nombreuses, tantôt à terre et tantôt à la mer. Son vol est puissant et très-soutenu. Il nage bien et tient la mer par les plus gros temps. Le goéland est très-vorace et engloutit tout ce qu'il trouve. Il fait son nid sur les falaises des bords de la mer et pond deux œufs du volume de ceux de poule, d'un gris olivâtre avec des taches irrégulières d'un brun noir, et qui sont assez bons à manger.

GOELAND A MANTEAU BLEU. (LARUS GLAUCUS.)

Allemand : *Die Weissegravemwe.* — Anglais : *The silvery Gull.* — Espagnol : *La Gaviota de capa azul.* — Italien : *Il Laro argentato.*

Plus petit que le précédent, le goéland à manteau bleu se trouve dans les mêmes régions, et, comme lui, vit par bandes nombreuses. En France, on le trouve snr les côtes septentrionales de l'océan Atlantique pendant une partie de l'hiver. Il niche dans les falaises, et ses œufs, au nombre de deux, sont d'un beau poli et marqués de taches petites, noires ou brunes et d'autres plus grandes d'un brun sombre ou gris clair.

MOUETTE RIEUSE. (LARUS RIDIBUNDUS.)

Allemand : *Der Lachmewe.* — Anglais : *The Black-headed Gull.* — Espagnol : *La Gaviota de cabeza negra.* — Italien : *Il Laro con testa nera.*

De passage en Allemagne et en France, cette espèce abonde en Hollande dans toutes les saisons. Elle se nourrit d'insectes, de vers et de petits poissons. Elle niche près de la mer, à l'embouchure des rivières ; sa ponte est de trois œufs à fond olivâtre et souvent parsemés de grandes taches brunes.

MOUETTE ORDINAIRE (LARUS CANUS.)

Allemand : *Die Kleine graue Mewe.* — Anglais : *The common Gull.* — Espagnol : *La Gaviota comun.* — Italien : *La Gavina.*

La mouette ordinaire, propre au nord de l'Europe, habite les bords de la mer et, à l'approche des ouragans, se répand dans les terres. On la voit l'hiver par grandes troupes sur les côtes de France et de Hollande. Sa nourriture est la même que celle de la précédente et elle niche comme elle. Ses œufs sont d'une couleur ocracée blanchâtre, et marqués irrégulièrement de taches cendrées et noires.

PÉLICAN BLANC. (PELECANUS ONOCROTALUS.)

Allemand : *Der weisse Pelikan.* — Anglais : *The white Pelican.* — Espagnol :
El Pelicano blanco. — Italien : *Il Pelicano onocrotalo.*

Le pélican blanc est répandu dans toutes les contrées méridionales de l'ancien et du nouveau continent. Très-commun
en Afrique, sur les bords du Sénégal et de la Gambie, on le
trouve en Asie, en Chine et dans le royaume de Siam, et en
Amérique, depuis la Louisiane jusqu'au Canada. On le voit
aussi, mais rarement, en Suisse, en Allemagne, en Angleterre
et en France.

Ce qui distingue principalement cet oiseau, c'est l'énorme
poche qu'il porte sous la mandibule inférieure de son bec.
Cette poche, qui peut contenir une vingtaine de litres d'eau,
lui sert de magasin pour conserver le poisson dont il fait sa
principale nourriture.

Cet oiseau nage avec grâce et plonge très-facilement. Son
vol est intermittent. Sa manière de pêcher diffère, suivant
qu'il est seul ou en troupes. Seul, il se laisse tomber sur l'eau,
qu'il frappe fortement de ses ailes pour étourdir le poisson.
En troupe, les individus forment un cercle, qu'ils rétrécissent
peu à peu, et dans lequel ils renferment leur proie ; puis, à un
moment donné, ils battent l'eau de leurs ailes et pêchent, on
peut le dire, en eau trouble. Lorsque la poche est pleine, l'oiseau gagne quelque pointe de rocher et commence réellement son repas. Pour cela, il comprime son sac sur sa poitrine, pour en faire sortir les poissons, qu'il avale et qu'il
digère. Le sang des poissons qu'il dégorge ainsi, tachant quelquefois son plumage blanc, a donné lieu à la croyance vulgaire
que le pélican se déchire lui-même pour nourrir ses petits.

Le pélican fait son nid à terre, entre les roches, sur le
bord des eaux. Ce n'est qu'un creux léger, garni de brins
d'herbe négligemment arrangés. Ses œufs, au nombre de
deux à cinq, sont blancs, presque égaux des deux bouts et
gros comme ceux du cygne.

Cet oiseau s'apprivoise facilement. On a proposé de le dresser pour la pêche comme les Chinois ont fait du cormoran ; mais nous ne sachons pas qu'on y ait réussi jusqu'ici.

CYGNE DOMESTIQUE. (CYGNUS OLOR.)

Allemand : *Der Schwan.* — Anglais : *The common Swan.* — Espagnol : *El Cisne.* — Italien : *Il Cygno domestico.*

Le cygne, l'un des plus grands oiseaux aquatiques, vit, à l'état sauvage, en troupes peu nombreuses sur les grandes mers et les lacs des parties orientales de l'ancien continent.

Son vol, peu rapide, mais très-soutenu, lui permet d'entreprendre de très-longs voyages. La femelle fait son nid sur les rivages, dans une touffe de grandes herbes, ou sur un amas de roseaux flottants. Dans ce nid, garni de plumes et de duvet, elle pond de cinq à huit œufs très-oblongs, à coquille dure et épaisse et d'un gris verdâtre clair.

Le caractère du cygne est doux et pacifique ; cependant, dans certaines occasions, il combat avec acharnement ; sa force réside principalement dans les ailes.

Le cygne vit d'insectes et de larves aquatiques, et aussi de plantes et de graines marécageuses.

La beauté de cet oiseau l'a fait réduire, depuis un temps presque immémorial, à une sorte de domesticité. Nous disons une sorte de domesticité, car il conserve une certaine indépendance et ne veut pas être entièrement privé de sa liberté.

Les cygnes étaient autrefois beaucoup plus communs en France qu'ils ne le sont aujourd'hui ; la Seine en était couverte. Le goût pour l'élève de cet oiseau, qui s'est toujours conservé en Allemagne, commence à renaître parmi nous.

Outre ses qualités comme oiseau d'ornement, le cygne fournit encore à l'industrie des plumes et un duvet d'une grande douceur pour la literie, et sa peau préparée donne, en conservant le duvet qui la recouvre, une fourrure très-recherchée par les dames. Quant à sa chair, celle des jeunes est, dit-on, assez bonne, mais celle des adultes est noire et coriace.

CYGNE NOIR. (Cygnus atratus.)

Allemand : *Der schwartz Schwan.* — Anglais : *The black Swan.* — Espagnol :
El Cisne negro. — Italien : *Il Cigno nero.*

Cette espèce, dont le plumage noir forme un contraste si frappant avec la blancheur du précédent, est propre aux côtes méridionales de la Nouvelle-Hollande et de la terre de Van-Diémen où il est très-commun.

Le premier de ces oiseaux qu'on ait vu vivant en Europe paraît être celui qui existait à la Malmaison du temps de l'impératrice Joséphine. Un autre, assure-t-on, fut montré à Munich en 1825. Enfin, depuis une trentaine d'années, on l'a introduit d'abord en Angleterre, puis dans d'autres pays. Cet oiseau vit très-bien en captivité dans nos climats et se reproduit aussi régulièrement que le cygne ordinaire. C'est un magnifique oiseau d'ornement pour les pièces d'eau.

CYGNE A COL NOIR. (Cygnus nigricolis.)

Allemand : *Der Schwartz hals Schwan.* — Anglais : *The black-necked Swan.* —
Espagnol : *El Cisne de pescuezo negro.* — Italien : *Il Cigno di collo nero.*

Cet oiseau, dont le nom fait connaître le caractère distinctif, se trouve dans toute la Confédération argentine, jusqu'au détroit de Magellan, aux Malouines et sur les côtes de l'océan Pacifique. Il vit par bandes plus ou moins nombreuses, l'été dans les régions glacées du sud, et l'hiver dans les contrées tempérées du nord. Sa ponte est de six à huit œufs. Sa chair, noire et dure, est de très-mauvais goût ; mais le duvet qui garnit la peau est des plus doux.

Les premiers individus vivants de cette espèce introduits en Europe venaient de Valparaiso, et avaient été envoyés en 1851 à lord Derby. Ces oiseaux vécurent, mais sans se reproduire, jusqu'en 1857 dans le Jardin de Regent's Park. A cette époque, un nouveau couple, offert par le capitaine Harris, fut mis avec eux et dès lors ils commencèrent à pondre et à couver, ce qu'ils ont continué depuis à faire régulièrement. Les individus que possède le Jardin, et une autre paire appartenant à M. Le Prestre, de Caen, sont les premiers qu'on ait vus en France.

OIE RIEUSE. (Anser albifrons.)

Allemand : *Die Blæœgans.* — Anglais : *The laughing Goose.* — Espagnol : *El Ganso risueño.* — Italien : *L'Oca ridente.*

Cette espèce, remarquable par la grande tache d'un blanc pur qu'elle porte sur le front, est originaire des régions septentrionales des deux continents, où seulement elle se reproduit. A l'automne, les oies rieuses se rassemblent de la Sibérie sur la presqu'île du Kamtschatka, et émigrent en bandes nombreuses, les unes vers la Californie, les autres vers le centre de l'Europe, où elles passent l'hiver. Très-communes en Hollande, elles sont plus rares en Allemagne et plus encore en France. Le nom que porte cet oiseau lui vient de son cri rauque auquel on a cru trouver quelque ressemblance avec un éclat de rire.

Cet oiseau, d'un caractère extrêmement défiant, est, assure-t-on, un excellent gibier.

OIE DOMESTIQUE. (Anser domesticus.)

Allemand : *Die Hausgans.* — Anglais : *The domestic Goose.* — Espagnol : *El Ganso.* — Italien : *L'Oca.*

L'oie sauvage, *Anser cinereus*, réduite en domesticité depuis les temps les plus reculés, est le type de toutes les races et variétés domestiques que nous possédons aujourd'hui. C'est un oiseau essentiellement voyageur, qui habite l'été les régions les plus septentrionales des deux continents, qu'il quitte par bandes innombrables au commencement de l'hiver pour se répandre dans les contrées plus tempérées.

Cet oiseau se tient, pendant le jour, dans les marais et les prairies où il se nourrit de plantes aquatiques, de graines et d'insectes. Le soir, il se rend sur les étangs et les rivières pour y passer la nuit ; différant en cela des canards, qui ne quittent presque jamais l'eau. L'oie nage très-bien, mais ne plonge pas. Sa démarche à terre est lourde et embarrassée. Son vol est très-élevé et très-soutenu.

La femelle pond, au printemps, de douze à quinze œufs blancs, plus gros et plus arrondis que ceux de poule.

On élève beaucoup d'oies en France, principalement dans les départements du Bas-Rhin, de la Moselle, de la Seine-Inférieure et sur les bords de la Loire. C'est dans les environs de Toulouse qu'on trouve la variété qui porte ce nom ; elle est presque toujours grise ; son volume égale presque celui du cygne, et elle s'engraisse facilement au point de peser jusqu'à 12 et 14 kilogrammes. L'oie de Gascogne, plus petite mais plus féconde et d'une chair plus délicate, se trouve en remontant de Bordeaux vers Bayonne.

Les foies gras de Toulouse et de Strasbourg sont l'objet d'un commerce important. La graisse de l'oie, très-abondante et d'une grande finesse, sert, dans plusieurs pays, à assaisonner les aliments. Enfin cet oiseau fournit encore du duvet et des plumes pour la literie, et avant l'invention des plumes de fer, les plumes des ailes donnaient lieu à un commerce considérable.

OIE DU DANUBE.

C'est une variété fixe de l'oie domestique, qui se fait remarquer par la blancheur de son plumage qui ne le cède pas à celui du cygne, et par ses plumes frisées et tombantes. C'est un charmant ornement pour les pièces d'eau.

OIE DE GUINÉE. (Anser cycnoïdes.)

Allemand : *Die guineische Schwanengans.* — Anglais : *The Swan Goose.* — Espagnol : *El Ganso de Guinea.* — Italien : *L'Oca di Guinea.*

Cet oiseau, originaire des contrées brûlantes de l'Afrique, où il vit à l'état sauvage, est très-commun dans les pays du Nord, en Russie et même en Sibérie, où il est acclimaté depuis longtemps et vit en domesticité. Quoique différant beaucoup de l'oie domestique, il se croise volontiers avec elle, et donne des métis féconds que l'on trouve abondamment dans le Nord de l'Europe.

La beauté, la taille et la bonté de la chair de cet oiseau méritent qu'on s'occupe de le propager parmi nous.

OIE DU CANADA. (Anser canandensis.)

Allemand : *Die kanadische Schawnengans.* — Anglais : *The Canada Goose.*
— Espagnol : *El Ganso del Canada.* — Italien : *L'Oca del Canada.*

Plus grosse que l'oie domestique, cette espèce en diffère encore par le col et le corps plus longs et plus déliés et aussi par une tache blanche et noire sur la gorge, d'où lui vient le nom d'*Oie à cravate.* Elle habite les parties les plus froides de l'Amérique septentrionale, d'où elle émigre, par bandes très-nombreuses, pour passer l'hiver dans les contrées plus tempérées et jusque dans les Carolines.

L'oie du Canada, dont la chair est très-délicate, a été depuis longtemps introduite en France, car on en voyait autrefois beaucoup sur les pièces d'eau de Versailles et de Chantilly. On l'élève aussi avec succès en Angleterre et en Allemagne.

OIE DE GAMBIE. (Anser gambensis.)

Allemand : *Die gambiische Gans.* — Anglais : *The Spur-winged Goose.* —
Espagnol : *El Ganso armado.* — Italien : *L'Oca armata.*

Cet oiseau se trouve dans l'Afrique méridionale et principalement au Sénégal. Il se fait remarquer par son plumage bronzé et par le double éperon qu'il porte au pli de l'aile.

OIE ARMÉE. (Anser ægyptiacus.)

Allemand : *Die œgyptische Gans.* — Anglais : *The egyptian Goose.* —
Espagnol : *El Ganso egigpcio.* — Italien : *L'Oca d'Egitto.*

Cet oiseau, nommé aussi *Oie d'Égypte,* se trouve dans tout le midi de l'Afrique, en Abyssinie et surtout en Égypte, où il abonde dans les lieux inondés par le Nil. Quelques individus isolés pénètrent jusqu'en France.

L'oie armée porte au pli de l'aile un petit éperon d'où lui vient son nom. Quand elle n'est pas à l'eau, elle se tient de préférence sur les arbres. Elle niche cependant à terre dans les broussailles et dans les prairies situées près des eaux. La ponte est de six à huit œufs verdâtres.

Cet oiseau s'élève fort bien en domesticité ; sa chair est très-bonne. Cependant ce n'est encore pour nous qu'un oiseau d'ornement des pièces d'eau.

BERNACHE ORDINAIRE. (BERNICLA LEUCOPSIS.)

Allemand : *Die Bernakelgans*. — Anglais : *The Bernicle Goose*. — Espagnol : *La Bernicla comun*. — Italien : *La Bernacla*.

La bernache, que plusieurs caractères séparent des oies, et nommée communément *Oie nonette*, à cause des grandes places blanches et noires de son plumage, vit dans les régions les plus glacées des deux continents : en Europe, dans le nord de la Sibérie et de la Laponie, et en Amérique, dans les baies d'Hudson et de Baffin. C'est dans ces contrées seuement qu'elle se reproduit. Lorsque sa nourriture, qui consiste en racines de plantes aquatiques, en insectes d'eau et en petits poissons, vient à lui manquer en raison de l'intensité du froid, elle quitte ces parages glacés pour se répandre par bandes nombreuses, en Europe, jusqu'en France, et en Amérique, jusqu'en Californie et dans les Florides.

Cet oiseau, qui niche habituellement dans les fentes de rochers sur les rivages inhabités, se reproduit facilement en captivité. C'est un gibier d'eau fort estimé et considéré comme maigre.

CRAVANT. (ANSER BERNICLA.)

Allemand : *Die Ringelgans*. — Anglais : *The Brent Goose*. — Espagnol : *La Oca de tocado*. — Italien : *L'Anitra columbaccio*.

Cet oiseau, plus petit que la bernache, à laquelle il ressemble d'ailleurs beaucoup, habite les marais et les bruyères des régions antarctiques, mais ne s'avance pas autant vers le Nord que son congénère. Il niche dans ces contrées et ses œufs sont blancs et obtus. Il émigre vers le Sud pour passer l'hiver et se répand, par grandes bandes, en Suède, en Angleterre, en Hollande et même en France. Il était à peine connu, dans ce dernier pays, avant 1740, année où l'on en vit apparaître une immense quantité sur les côtes de l'Océan.

Le cravant, d'un caractère extrêmement timide, s'apprivoise avec la plus grande facilité, et peut s'élever dans les basses-cours.

Ce gibier est considéré comme maigre, et très-estimé dans les pays où il abonde.

BERNACHE DU MAGELLAN. (BERNICLA MAGELLANICA.)

Allemand : *Die magellanische Gans.* — Anglais : *The Upland Goose.* — Espagnol *La Bernicla de Magallanes.* — Italien : *La Bernacla di Magellan.*

Cette bernache, remarquable par la belle couleur rouge pourpré de la tête et du haut du col, habite les terres magellaniques, la Patagonie, l'île de Chiloé et l'archipel de la Mère-de-Dieu, où elle est très-abondante. Sa chair est bonne à manger, au rapport d'une personne de notre connaissance qui, ayant fait naufrage sur une de ces îles, s'en est nourrie pendant plusieurs mois, ainsi que ses compagnons d'infortune. Elle a été introduite, il y a peu d'années, en Angleterre par le capitaine Moore, gouverneur des îles Falkland.

BERNACHE DES SANDWICH. (BERNICLA SANDWICENSIS.)

Allemand : *Die sandwische Gans.* — Anglais : *The Sandwich-island Goose.* — Espagnol : *El Ganso de las islas Sandwich.* — Italien : *L'Oca dell' isole di Sandwich.*

Donnés par M. de la Fresnaye.

Cette jolie espèce est propre aux îles de l'archipel dont elle porte le nom. Elle a été importée pour la première fois en Europe en 1832. Deux couples furent offerts en présent à lady Glengal, qui les partagea entre la Société zoologique de Londres et lord Derby. De ces couples proviennent tous les individus existant aujourd'hui en Europe. C'est, à proprement parler, un oiseau de terre, car il ne va à l'eau que très-rarement. Il s'apprivoise avec facilité et se reproduit régulièrement en captivité. Il mérite de fixer l'attention, comme oiseau d'ornement pour les parcs.

CÉRÉOPSE CENDRÉ. (Cereopsis novæ-hollandiæ).

Allemand : *Die Koppengans.* — Anglais : *The New-Holland Cereopsis.* — Espagnol :
El Cereopsis ceniciento. — Italien : *Il Cereopside de la Nova-Hollanda.*

Le céréopse cendré, qui se rapproche des bernaches, dont il diffère cependant par la petitesse de son bec et par la membrane jaune clair qui le recouvre en partie, ne se trouve qu'en Australie, où il devient de jour en jour plus rare dans les parties occupées par les Européens. M. Gould assure qu'il est encore très-commun dans les régions inhabitées des côtes du Sud, mais qu'il finira certainement par disparaître lorsqu'elles seront envahies par la population. Cette espèce est d'une importation assez récente en Angleterre, où elle vit et se reproduit régulièrement. Elle va très-peu à l'eau, et s'apprivoise avec la plus grande facilité.

Ce n'est encore pour nous qu'un charmant oiseau d'ornement.

CANARD SIFFLEUR. (Anas penelope.)

Allemand : *Die Pfeifente.* — Anglais : *The Widgeon.* — Espagnol : *El Anade penelope.* — Italien : *L'Anitra penelope.*

Le canard siffleur est un habitant des régions septentrionales de l'Eurore, d'où il nous arrive vers le mois de novembre. Ses troupes nombreuses s'avancent beaucoup vers le sud, et on en trouve en Sardaigne et jusqu'en Égypte. En France, elles se voient principalement sur les côtes de la Picardie.

Ces oiseaux, qui vont toujours par bandes, nous quittent vers le mois de mars ; quelques-uns restent en Hollande où ils nichent pendant l'été ; mais on n'en voit jamais en France dans cette saison. Ils se nourrissent de plantes et de graines aquatiques, de grenouilles et d'insectes d'eau.

Leur ponte est de huit à dix œufs d'un gris verdâtre. C'est un bon gibier d'eau.

CANARD MORILLON. (Anas fuligula.)

Allemand : *Die Strausente.* — Anglais : *The tufted Duck.* — Espagnol : *El Anade crestado pequeño.* — Italien : *La Morettina.*

Le morillon, plus petit que le canard domestique, dont il

diffère encore par son plumage d'un beau noir luisant à reflets pourprés, et la large huppe pendante qui orne sa tête, habite le nord de l'Europe et de l'Asie. On le trouve à son double passage, en France et dans les contrées tempérées de l'Europe, et même jusqu'en Égypte.

Cette espèce, qui fréquente les eaux douces et la mer, est beaucoup moins défiante que le canard sauvage, et s'apprivoise avec facilité. Sa gaieté, son élégance et la beauté de ses couleurs en feront un charmant ornement pour les pièces d'eau si l'on réussit à le fixer parmi nous.

CANARD MILOUIN. (ANAS FERINA.)

Allemand : *Der Rothhals*. — Anglais : *The Poker*. — Espagnol : *El Miluino*. — Italien : *La Milluina*.

Ce canard habite le nord de l'Europe et de l'Amérique. Son vol est plus rapide que celui du canard sauvage, et ses bandes ne forment pas le triangle. Il se tient presque toujours sur l'eau qu'il empêche, assure-t-on, de geler autour de lui en s'agitant continuellement. Il marche avec difficulté, et est obligé de se servir de ses ailes pour conserver l'équilibre. Il se nourrit de vers, de petits crustacés et de poisson. D'un caractère très-timide à terre, il est au contraire très-courageux sur l'eau, et ne souffre l'approche d'aucun animal.

CANARD PILET. (ANAS ACUTA.)

Allemand : *Die Spessente*. — Anglais : *The Pintail Duck*. — Espagnol : *El Anade de cola larga*. — Italien : *L'Anitra di cola lunga*.

Cet oiseau se distingue des autres canards par les deux plumes longues étroites qui terminent sa queue, et d'où lui viennent les noms de *Canard-faisan, Faisan de mer, Canard à longue queue* sous lesquels on le désigne.

Habitant des régions les plus glacées des deux continents, le canard pilet, l'un des plus voyageurs de sa famille, se répand, pendant l'hiver, dans les contrées tempérées, et pénètre jusqu'en Italie et en Égypte, dans l'ancien continent, et jusqu'à la Louisiane, dans le nouveau.

Vers le mois de novembre, il arrive en France par bandes nombreuses et se montre principalement sur les rivages de la Picardie. Au printemps, il regagne la mer pour retourner au nord, où il niche dans les herbes et les joncs. Sa ponte est de huit à dix œufs, d'un blanc verdâtre.

C'est un excellent gibier, considéré comme maigre, et plus estimé que le canard sauvage.

CANARD TADORNE. (ANAS TADORNA.)

Allemand : *Die Brandente.* — Anglais : *The Shieldracke.* — Espagnol : *La Tadorna.* — Italien : *La Branta.*

Un peu plus gros que le canard domestique, et aussi plus haut sur pattes, cet oiseau habite le nord de l'Europe, d'où il émigre, pour paraître sur nos côtes septentrionales au commencement du printemps.

Essentiellement voyageur, le canard tadorne ne va jamais par bandes, mais bien par paires, qui ne se séparent que par la mort de l'un d'eux. Il s'établit de préférence dans les plaines sablonneuses du bord de la mer. C'est là que la femelle dépose, dans un terrier de lapin abandonné, ses œufs, qu'elle recouvre, quand la ponte est finie, de duvet qu'elle s'arrache du ventre. Elle pond de dix à quinze œufs, plus ronds que ceux de la cane et d'un blond clair.

Cette manière de nicher sous terre, propre à cette espèce seulement, avait été remarquée par les anciens qui, pour cette raison, lui avaient donné les noms de *Vulpanser* en latin, et de *Chenalope* en grec, c'est-à-dire *Oie-renard*.

Les tadornes repartent pour le Nord vers la fin de l'hiver; cependant il en reste en France quelques paires. D'un naturel doux et peu sauvage, on les élève facilement en domesticité, en faisant couver leurs œufs par une cane domestique.

Leur chair est un mets très-délicat ; leurs œufs, excellents à manger, étaient fort recherchés par les Grecs. Ces oiseaux fournissent encore un duvet aussi fin et aussi doux que celui de l'eider. Enfin la beauté des couleurs de leur plumage en fait de charmants oiseaux d'ornement.

CANARD KASARKA. (Anas casarca.)

Allemand : *Die gelbrothz Ente.* — Anglais : *The ruddy Goose.*

Le canard kasarka vit, pendant l'été, dans les parties les plus septentrionales de l'Europe et de l'Asie. Il quitte ces régions glacées au commencement de l'hiver pour se répandre dans les contrées plus tempérées. On le trouve alors en Perse, dans l'Inde et même jusqu'en Turquie.

Cet oiseau, de la taille du canard domestique, se rapproche de l'oie par ses pieds. Il ne va jamais par troupes, mais toujours par couples. Son vol est léger et rapide, et à terre il n'a pas la démarche gauche et disgracieuse de ses congénères. La femelle fait son nid dans les cavernes et dans les fentes de rochers et pond de huit à dix œufs blancs, à coquille lisse et un peu plus gros que ceux du canard sauvage.

Cet oiseau n'est ni craintif ni farouche, et s'apprivoise aisément. Sa chair, selon les uns, est un gibier excellent; selon d'autres, au contraire, elle n'est pas mangeable et de plus elle est malsaine.

CANARD A BEC ROUGE. (Anas autumnalis.)

Ce canard est remarquable par son bec et ses pattes d'un beau rouge et par les nuances douces de son plumage. Plus haut monté que nos canards ordinaires, il est beaucoup moins aquatique qu'eux et vit de préférence dans les prairies humides de la Guyane et du Brésil.

PETITE SARCELLE. (Anas crecca.)

Allemand : *Die kleine Kricchente.* — Anglais : *The common Teal.* — Espagnol : *La Cerceta pequeña.* — Italien : *L'Arzavolctta.*

La petite sarcelle, très-commune pendant l'hiver en France, où quelques paires restent toute l'année, se trouve dans toute l'Europe, en Islande et même, assure-t-on, jusqu'en Chine. Elle fréquente les étangs et, lorsqu'ils sont couverts de glace, les rivières et les fontaines qui ne gèlent pas. Elle se nourrit de graines de plantes aquatiques, d'insectes et de petits poissons. Son vol est court et peu puissant.

La femelle fait son nid dans les joncs et le garnit à l'intérieur de beaucoup de plumes. Ce nid est disposé sur l'eau de telle façon qu'il hausse ou qu'il baisse suivant le niveau du liquide. La ponte est de huit ou dix œufs d'un blanc sale et marqués de petites taches rousses.

La chair de la sarcelle est meilleure que celle de tous les autres canards, et regardée comme gibier maigre. Les Romains faisaient grand cas de cet oiseau, qu'ils élevaient en domesticité et qu'ils savaient engraisser.

CANARD DE LA CAROLINE. (ANAS SPONSA.)

Allemand : *Die Plumente.* — Anglais : *The Carolina Duck.* — Espagnol : *El Anade de la Carolina.* — Italien : *L'Anitra capelluta.*

Ce canard, remarquable par la beauté de son plumage, habite, l'été, les régions glaciales du nouveau continent, et émigre, l'hiver, dans toute l'Amérique septentrionale, depuis le Canada jusqu'au Mexique. Il vit de préférence dans les cantons boisés où se trouvent des rivières. Il perche quelquefois sur les arbres, dans les trous desquels il place son nid. Sa ponte est de huit à douze œufs. En France, il se reproduit facilement dans nos volières, pourvu qu'on ait soin d'y placer quelques arbrisseaux.

CANARD MANDARIN. (ANAS GALERICULATA.)

Allemand : *Die Mandarinnente.* — Anglais : *The chinese Teal.* — Espagnol . *La Cerceta de la China.* — Italien : *L'Arzavoletta di China.*

Le canard mandarin, qu'on appelle encore *Canard à éventail* et *Sarcelle de la Chine,* se fait remarquer par la beauté et la vivacité des couleurs de son plumage, par la richesse du panache vert et pourpre qui ombrage sa tête, et enfin par la disposition singulière des deux plumes qu'il porte au devant de chaque aile, et dont les barbes, coupées carrément et d'une longueur extraordinaire, lui forment comme deux ailes de papillon d'un beau rouge orangé.

Ce oiseau, plus petit que le canard ordinaire, et se rapprochant, pour la forme, de la sarcelle commune, est originaire du nord de la Chine et se trouve principalement dans la province de Nan-King. Réduit en domesticité en Chine, il sert à orner les cours et les jardins des personnes riches. On le regarde dans ce pays comme le symbole de la fidélité conjugale ; et il est d'usage que les amies d'une jeune mariée lui offrent, le jour de la noce, une paire de ces oiseaux ornés de rubans.

C'est en 1850 que ce charmant palmipède a été introduit en Angleterre par sir Jonhn Bowring. Quelque temps auparavant, un riche amateur de Rotterdam en avait reçu deux couples. C'est de ces individus que sont provenus tous ceux que l'on voit maintenant en Europe ; car cet oiseau, entièrement domestique, s'est parfaitement accoutumé à notre climat et s'y reproduit régulièrement.

CANARD PLOMBIÈRE DE LA CHINE.

Cette espèce, dont l'origine est inconnue, et qu'on élève en domesticité depuis plusieurs années en Hollande, est remarquable par la beauté de son plumage, qui ne le cède qu'à celle du précédent. C'est un charmant oiseau d'ornement.

CANARD DE BAHAMA. (ANAS BAHAMENSIS.)

Allemand : *Die Bahama Ente.* — Anglais : *The Bahama Duck.* — Espagnol :
El Anade bahamense. — Italien : *L'Anitra di Bahama.*

Cet oiseau se trouve dans l'Amérique centrale, aux Antilles, et surtout dans l'île de Bahama, d'où il tire son nom.

CANARD DOMESTIQUE. (ANAS BOSCHAS.)

Allemand : *Die Gemeine Ente.* — Anglais : *The common Duck.* — Espagnol :
El Anade comun ó El Pato. — Italien : *L'Anitra cesone.*

Le canard domestique et ses nombreuses variétés proviennent du canard sauvage réduit en domesticité depuis les temps les plus reculés.

La portion de l'espèce restée libre est répandue dans le nord des deux continents, où elle passe l'été et où elle niche dans les régions les plus inaccessibles à l'homme. Aux approches de l'hiver, les canards sauvages quittent les régions glacées et gagnent, par bandes innombrables, des climats plus doux. Ils se dispersent dans toute l'Europe et s'avancent même assez loin vers le Midi, surtout dans les hivers rigoureux. Vers le printemps, ils repartent et regagnent leurs solitudes du Nord. Quelques paires, cependant, restent parmi nous pendant l'été et s'y reproduisent.

Ces oiseaux vivent habituellement en société; mais dans les premiers jours du printemps les bandes se divisent par couples. Leur vol est très-élevé et très-soutenu. Leurs troupes, ordinairement très-nombreuses, figurent, en volant, des triangles réguliers. A terre, leur démarche est lente et des plus disgracieuses; sur l'eau, au contraire, ils nagent et plongent avec une aisance et une facilité admirables. Leur nourriture consiste en petits poissons, insectes aquatiques, grenouilles, lézards, et aussi en racines et en graines de plantes marécageuses. Pendant les fortes gelées, ils se nourrissent de glands, de faînes et d'autres graines qu'ils vont chercher sur la lisière des bois.

La femelle place ordinairement son nid dans quelque touffe de joncs isolée au milieu d'un étang; quelquefois elle préfère les bruyères assez éloignées de l'eau, et on l'a vue même parfois s'emparer de nids abandonnés de pies et de corneilles, placés au sommet d'arbres très-élevés. Le nid est fait de joncs et d'herbes longues arrangés avec soin; l'intérieur est garni de duvet que la mère s'arrache de dessous le ventre. La ponte est de douze à quinze œufs obtus, sphéroïdaux, à coquille dure, d'un blanc verdâtre et dont le jaune tire sur le rouge. Les petits, qui courent ou plutôt qui nagent en naissant, sont conduits à l'eau par le père et la mère, presque aussitôt après leur naissance.

Quoique d'un naturel extrêmement défiant et sauvage, ces oiseaux s'apprivoisent facilement. Ceux qui proviennent d'œufs de cane sauvage couvés par une poule s'élèvent sans difficulté et, après la première ponte, perdent pour toujours l'idée de reprendre leur liberté.

Le canard sauvage est un gibier excellent; il en est de même du canard domestique que l'on élève partout, surtout dans les contrées où l'eau est abondante.

Les variétés les plus remarquables du canard domestique que possède le Jardin sont :

1. Le Canard de Rouen, renommé par son volume et la délicatesse de sa chair ;

2. — **de Hollande,** qui paraît ne lui céder en rien : ils ont été donnés par Mme Passy ;

3. — **d'Aylesbury,** le plus estimé en Angleterre ;

4. — **polonais ordinaire ;**

5. — **polonais huppé,** remarquable par son élégance ;

6. — **mignon blanc ;**

7. — — **gris ;**

8. — **sabreur ;**

9. — **pingouin,** ainsi nommé à cause de ses longues jambes, placées en arrière du corps, et de la brièveté de ses ailes ;

10. — **blanc huppé,** remarquable par sa belle couleur noire à reflets cuivrés ;

11. — **Labrador.**

CANARD DE BARBARIE. (Anas moschata.)

Allemand : *Die turkische Ente.* — Anglais : *The Muscovy Duck.* — Espagnol : *El Anade de Berberia.* — Italien : *L'Anitra muschiata.*

Ce canard, beaucoup plus grand que le canard domestique, dont il diffère encore par d'autres caractères, s'appelle aussi *Canard musqué,* à cause de l'odeur de musc que répand sa chair, surtout à l'état sauvage. Il n'est pas originaire de Barbarie, comme son nom vulgaire pourrait le faire croire, mais bien de l'Amérique du Sud, d'où il a été apporté en Europe par les Espagnols, quelque temps après la conquête; depuis lors, il est devenu entièrement domestique.

Sauvages, ces oiseaux sont d'un noir brun très-brillant et

lustré de vert ; ils perchent sur les arbres, même très-élevés, qui bordent les rivières et les marécages, et font leur nid dans les troncs pourris à une assez grande hauteur. La ponte est de douze à quinze œufs arrondis et d'un blanc verdâtre.

La domesticité, comme toujours, a terni l'éclat des couleurs du plumage du canard de Barbarie et a changé ses habitudes. La femelle pond et couve partout comme la cane ordinaire, et on ne voit jamais ces oiseaux qu'à terre ou sur l'eau.

Plusieurs variétés se sont produites par le croisement avec nos races domestiques. Les métis qui naissent de ces alliances sont, assure-t-on, féconds avec d'autres, mais non entre eux. Nous pouvons affirmer, d'après nos propres observations, que cette seconde assertion n'est pas exacte.

V. RUDIPENNES.

AUTRUCHE D'AFRIQUE. (Struthio camelus.)

Allemand : *Der Strauss.* — Anglais : *The Ostrich.* — Espagnol : *El Avestruz.*
— Italien : *Il Struzzo.*

Ces oiseaux ont été donnés par M. Dursus, par M. le colonel de Colomb et par le général Khérédine.

L'autruche, le plus grand des oiseaux connus, appartient exclusivement à l'ancien continent et aux déserts sablonneux de l'Afrique, depuis l'Égypte et la Barbarie jusqu'au cap de Bonne-Espérance. On la trouve aussi dans les îles et dans les parties de l'Asie voisines de ce continent, mais jamais au delà du Gange.

Elle vit en petites troupes, composées d'un mâle et de plusieurs femelles, dans les lieux plats et découverts. Elle se nourrit d'herbes, d'insectes et de graines de toutes sortes. Elle ne vole pas ; ses ailes, formées de plumes minces et flexibles, sont trop petites et trop faibles pour la soutenir en l'air; mais, en revanche, elle court avec une vitesse telle que les meilleurs chevaux ne peuvent l'atteindre. Elle a dans les pieds une force très-grande, et c'est son seul moyen de défense lorsqu'elle est poussée à bout.

La femelle pond, dans les lieux sablonneux et dans une simple excavation faite dans le sol, un nombre d'œufs qui varie de quinze à vingt-cinq. Ces œufs sont très-gros, d'un blanc jaunâtre et à coque très-solide. Le mâle et la femelle les couvent alternativement, car il n'est pas vrai que ces oiseaux abandonnent leurs œufs à la chaleur du soleil pour les faire éclore. Les petits courent en naissant et restent en famille jusqu'à l'âge adulte.

Les mœurs et le caractère de l'autruche sont des plus paisibles ; mais son intelligence paraît être extrêmement bornée. Quoique d'un naturel craintif et très-défiant, elle s'apprivoise avec beaucoup de facilité, et on assure que les habitants du Dora et de la Libye en ont des troupeaux dont ils exploitent les plumes.

Ces plumes, celles de la queue et des ailes, ont été depuis longtemps recherchées pour la toilette des dames et pour quelques autres usages. De nos jours encore, elles sont l'objet d'un commerce considérable avec le nord de l'Afrique. Les plumes du corps servent à faire des plumets et autres ornements militaires.

La chair de cet oiseau, sans être délicate, est très-bonne à manger ; sa graisse sert à plusieurs usages chez les peuples d'Afrique. Enfin ses œufs, d'un volume qui égale environ vingt-et-un de ceux de nos poules, s'emploient aux mêmes usages que ces derniers.

Les avantages qu'on peut retirer de l'autruche avaient depuis longtemps fait naître la pensée de la rendre domestique. La Société impériale zoologique d'acclimatation, peu de temps après sa fondation, appela l'attention sur cette question importante. Un de ses membres, M. Chagot, proposa un prix de deux mille francs à décerner à celui qui, le premier, parviendrait à obtenir au moins deux générations de cet oiseau en domesticité. La question paraît aujourd'hui complétement résolue dans un sens favorable. A l'aide de quelques précautions des plus simples, M. Hardy, directeur de la pépinière centrale de Hamma, M. le prince Demidoff, à San-Donato, et M. Barthélemy de la Pommeraye, à Marseille, sont parvenus à faire couver régulièrement l'autruche captive et à élever ses petits. Les jeunes autruches, nées les premières chez M. Hardy en 1857, lui ont donné, en 1860, une belle couvée, dont les petits, à l'exception d'un mort d'accident et de deux autres servis sur la table de LL. MM. Impériales, lors de leur voyage en Algérie, et qui furent trouvés excellents, se sont parfaitement élevés, et sans doute se reproduiront à leur tour. Enfin de nouvelles couvées ont eu lieu cette année, et n'ont pas moins bien réussi.

NANDOU. (Rhea americana.)

Allemand : *Der Nandu.* — Anglais : *The Rhea.* — Espagnol : *El Ñandú.*
— Italien : *La Nandu americana.*

Donné par M. le comte d'Éprémesnil.

Le nandou, appelé encore *Autruche d'Amérique*, est sensiblement plus petit que l'espèce précédente, dont il diffère d'ailleurs parce qu'il a au pied trois doigts au lieu de deux.

Cette espèce, propre à l'Amérique méridionale, se trouve depuis le Brésil jusqu'à la Patagonie, entre l'océan Atlantique et les premiers contre-forts de la Cordillère des Andes. Rare au Paraguay, elle abonde surtout dans les républiques Argentine et de l'Uruguay.

Elle vit par bandes de dix à quinze femelles conduites par un mâle, dans les régions complétement découvertes ; car elle ne pénètre jamais dans les bois, même lorsqu'elle est poursuivie. Ces bandes ne se mêlent jamais entre elles, quelque nombreuses qu'elles soient dans le même parage.

La nourriture de cet oiseau se compose principalement, comme nous avons pu nous en assurer par l'observation directe de son jabot, d'insectes et surtout d'une petite espèce de sauterelle qui fourmille dans les plaines herbues de ces pays, de vers, de mollusques terrestres, d'herbes de diverses sortes, de graines et parfois de petits reptiles et de petits rongeurs.

De même que l'autruche, il ne vole pas, mais il court avec une extrême rapidité, en faisant des voltes fréquentes qui rendent sa poursuite très-difficile. En fuyant à toute vitesse, il relève ses ailes, qu'il étend plus ou moins, comme pour prendre le vent et s'aider à changer de direction.

La femelle pond, dans un trou large, peu profond et arrondi qu'elle creuse dans la terre, une vingtaine d'œufs, un peu plus petits que ceux de l'autruche, d'un blanc jaunâtre, à coquille dure, lisse et polie, que le mâle couve avec elle.

Les petits, qui courent presque en naissant, ne quittent le père et la mère que lorsqu'ils ont acquis presque toute leur croissance.

Le nandou est doué du naturel le plus doux et le plus timide, et, dans les lieux où on ne le tourmente pas, comme cela avait lieu dans notre propriété, il ne témoigne aucune crainte à la vue de l'homme et des animaux domestiques. Pris jeune, cet oiseau s'élève avec la plus grande facilité, si toutefois on a le soin de ne pas l'enfermer, et de se contenter de lui mettre aux pattes de légères entraves, qui deviennent inutiles au bout de quelques jours ; car il ne s'éloigne plus des environs de la maison, à laquelle il ne manque jamais de revenir le soir pour passer la nuit avec les volailles.

L'abondance et la bonté des œufs du nandou, ses plumes, connues dans le commerce sous le nom de *plumes de vautour*, et enfin sa chair qui, sans être très-délicate, est saine et nourrissante, et viendrait augmenter nos ressources alimentaires, font vivement désirer que l'on puisse acclimater et propager cet oiseau parmi nous.

DROMÉE ou CASOAR DE LA NOUVELLE-HOLLANDE.
(DROMAIUS NOVÆ-HOLLANDIÆ.)

Allemand : *Der Emu*. — Anglais : *The New-Holland Cassawary*. — Espagnol : *El Casoario de la Nueva-Holanda*. — Italien : *Il Dromeo di Nova-Hollanda*.

L'un des couples est un don de M. le comte de Montalembert d'Essé.

Cet oiseau, un peu plus petit que ceux dont nous venons de parler, et connu aussi sous le nom d'*Émou*, est propre à la Nouvelle-Hollande et aux îles désertes environnantes. Il y était autrefois très-commun sur les côtes ; mais aujourd'hui on ne le trouve plus guère qu'au delà des montagnes Bleues.

Les casoars vivent en troupes nombreuses dans les plaines et sur les rivages sablonneux. Ils se nourrissent de fruits et d'herbages. Comme l'autruche, la petitesse de leurs ailes les empêche de voler, mais ils courent avec une extrême vitesse.

La chair du casoar, comparable pour le goût à celle du bœuf, est très-recherchée par les habitants de l'Australie, surtout celle des jeunes individus de quinze à dix-huit mois. Ses œufs, dont le volume égale celui de douze œufs de poule, sont d'un vert assez brillant, à coque épaisse, rugueuse et comme chagrinée; ils sont très-délicats et d'un goût exquis. Sa peau, enfin, est recouverte d'une sorte de fourrure, dont on fait des tapis précieux, et de plumes fort recherchées pour la parure des dames.

Cet oiseau, introduit depuis assez longtemps en Angleterre et ensuite en France, y vivait très-bien en captivité, mais ne se reproduisait pas. M. Florent Prevost, cet homme si zélé pour la science, si éclairé et en même temps si modeste, conçut, en 1845, l'idée de tenter de l'acclimater en France et de l'y faire se reproduire. Cette tentative fut faite d'abord sur deux femelles. Placées, pendant un an, dans une chambre au sixième étage, puis dans un terrain ouvert au Nord et situé dans un des points les plus élevés de Paris, elles ne parurent souffrir en aucune manière des vicissitudes du climat. Vers le milieu de 1849, elles furent transportées à la Ménagerie du Muséum, où existait un mâle. Au mois de février 1850, l'une d'elles commença à pondre et produisit douze œufs qui, couvés par deux poules d'Inde, ne donnèrent aucun résultat. A la même époque, l'année suivante, une nouvelle ponte produisit dix œufs qui, couvés par le mâle pendant soixante-deux jours, donnèrent trois petits, qui s'élevèrent parfaitement et vécurent très-bien. Enfin, en 1852, une seule femelle donna seize œufs qui, par suite de l'état maladif du mâle, ne produisirent qu'un petit vigoureux, qui réussit très-bien.

Cette année, les deux femelles que possède le Jardin ont pondu plusieurs œufs, qui malheureusement étaient inféconds.

On voit que l'acclimatation de ce précieux oiseau ne présente pas de bien grandes difficultés; il suffirait, suivant M. Florent Prevost, d'en placer quelques couples dans les parcs et de les y laisser libres pour les voir s'y multiplier.

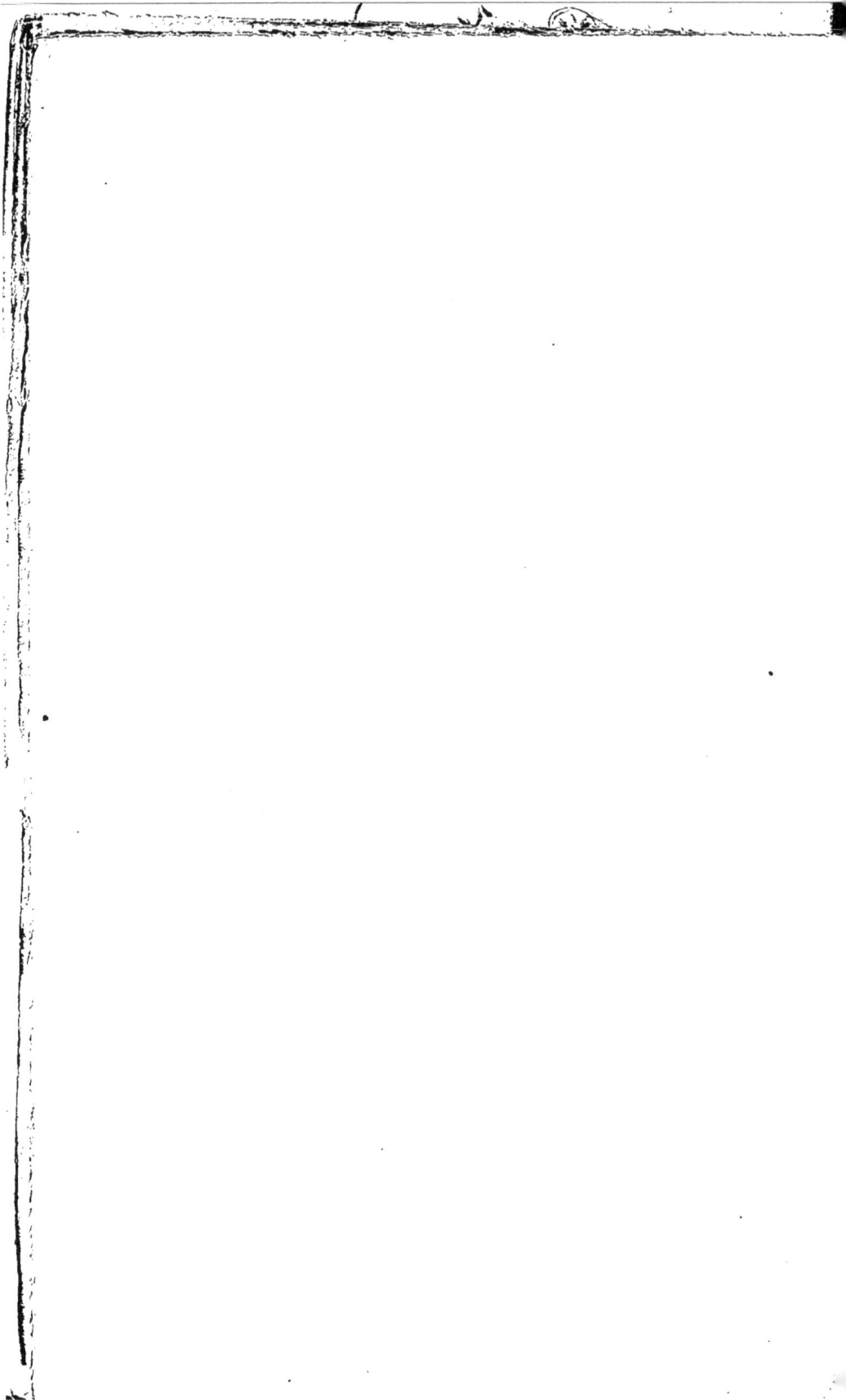

POISSONS, ETC.

AQUARIUM.

Offrir à la curiosité publique le spectacle d'êtres qui n'existent que cachés au sein des eaux douces ou dans la profondeur des mers, vivant et se mouvant dans leur milieu naturel, était un problème d'une difficulté presque insurmontable. Ce problème cependant a été complétement résolu par l'établissement de l'aquarium, le premier qu'on ait vu en France établi sur une grande échelle, et surpassant de beaucoup, sous plusieurs rapports, celui qu'on admire à Londres depuis quelques années.

Les mœurs et les habitudes des nombreux animaux qui vivent exclusivement dans les eaux ont été jusqu'ici peu connues, à cause de la difficulté, et même, pour un très-grand nombre d'entre eux, de l'impossibilité de les étudier au fond des abîmes qu'ils habitent. L'établissement des aquaria rendra facile à l'avenir cette étude intéressante, et permettra à la science de compléter ses observations sur une foule d'êtres dont aujourd'hui elle ne sait presque que les noms.

L'appareil du Jardin se compose de quatorze compartiments (bacs), en forme de carrés allongés, placés les uns à la suite des autres. Des parois de ces bassins, quatre sont construites en ardoise, la cinquième est formée d'une glace épaisse, qui permet de voir tout l'intérieur, la sixième est à ciel ouvert, et reçoit la lumière qui vient d'en haut. Nous signalerons à ce sujet un effet d'optique très-remarquable. La surface de l'eau fait l'effet d'un miroir qui reproduit à l'œil le fond de rochers de façon à représenter une véritable caverne marine. Des fragments de roche arrangés d'une manière pittoresque, du sable et quelques végétaux aquatiques garnissent le fond de ces bacs, dans lesquels un appareil fort ingénieux, construit derrière le bâtiment, entretient un courant continuel d'eau soit douce soit salée.

Les compartiments sont numérotés de 1 à 14. Les quatre premiers sont consacrés aux poissons et autres animaux qui vivent dans l'eau douce, et les dix autres à ceux qui ne peuvent vivre que dans l'eau de mer.

Le n° 1 contient, entre autres poissons, des truites et des saumons, et quelques coquillages tels que les moules de rivière, etc. ;

Le n° 2 des anguilles, des perches, des goujons, des ablettes, dont les écailles servent à la fabrication des perles artificielles;

Le n° 3 des brêmes, des meuniers, des barbillons, des écrevisses, etc. ;

Le n° 4 enfin des tanches, des carpes, des aloses et des ombre-chevalliers, etc.;

Les n° 5 et 6 sont consacrés aux actinies ou anémones de mer, êtres singuliers, ressemblant à des fleurs, et remarquables par leurs formes bizarres et par l'éclat de leurs couleurs;

Le n° 7 contient d'autres actinies et des échinodermes (oursins, étoiles de mer), etc.;

Le n° 8 offre à la vue des vers marins (anélides), tels que des serpules, des sabelles, des coraux et autres polypiers (zoophytes), etc.;

Dans le n° 9, on voit diverses espèces de crustacés, crabes, homards, crevettes, etc.; ces dernières sont d'une transparence cristalline qui permet de suivre les mouvements du sang et les phénomènes de la digestion. L'on y remarque aussi le bernard-l'hermite (*Pagurus bernardus*). Cet animal, qui se rapproche des écrevisses, a toute la partie postérieure de son corps, le ventre et la queue, dépourvue de carapace, et pour la protéger contre les attaques des autres

animaux, ou des injures des corps environnants, il la renferme dans la première coquille vide qu'il rencontre et qu'il
traîne partout avec lui ;

Le n° 10 contient d'autres espèces de crustacés ;

Le n° 11 est consacré aux mollusques, tels que huîtres, pa-
telles, etc. ;

Le n° 12 fait voir des céphalopodes (calmars, seiches, etc.)
de diverses espèces, et quelques poissons marins ;

Enfin les n° 13 et 14 sont destinés à recevoir les poissons
de mer proprement dits, tels que turbots, soles, harengs,
barbues, bars, muges, etc.

Aux diverses époques de la ponte des poissons, on pourra
suivre les diverses phases de la fécondation et de l'éclosion
des œufs.

L'Administration du Jardin a pris des mesures pour que les
poissons et animaux d'eau douce et d'eau de mer les plus
remarquables soient successivement placés sous les yeux du
public.

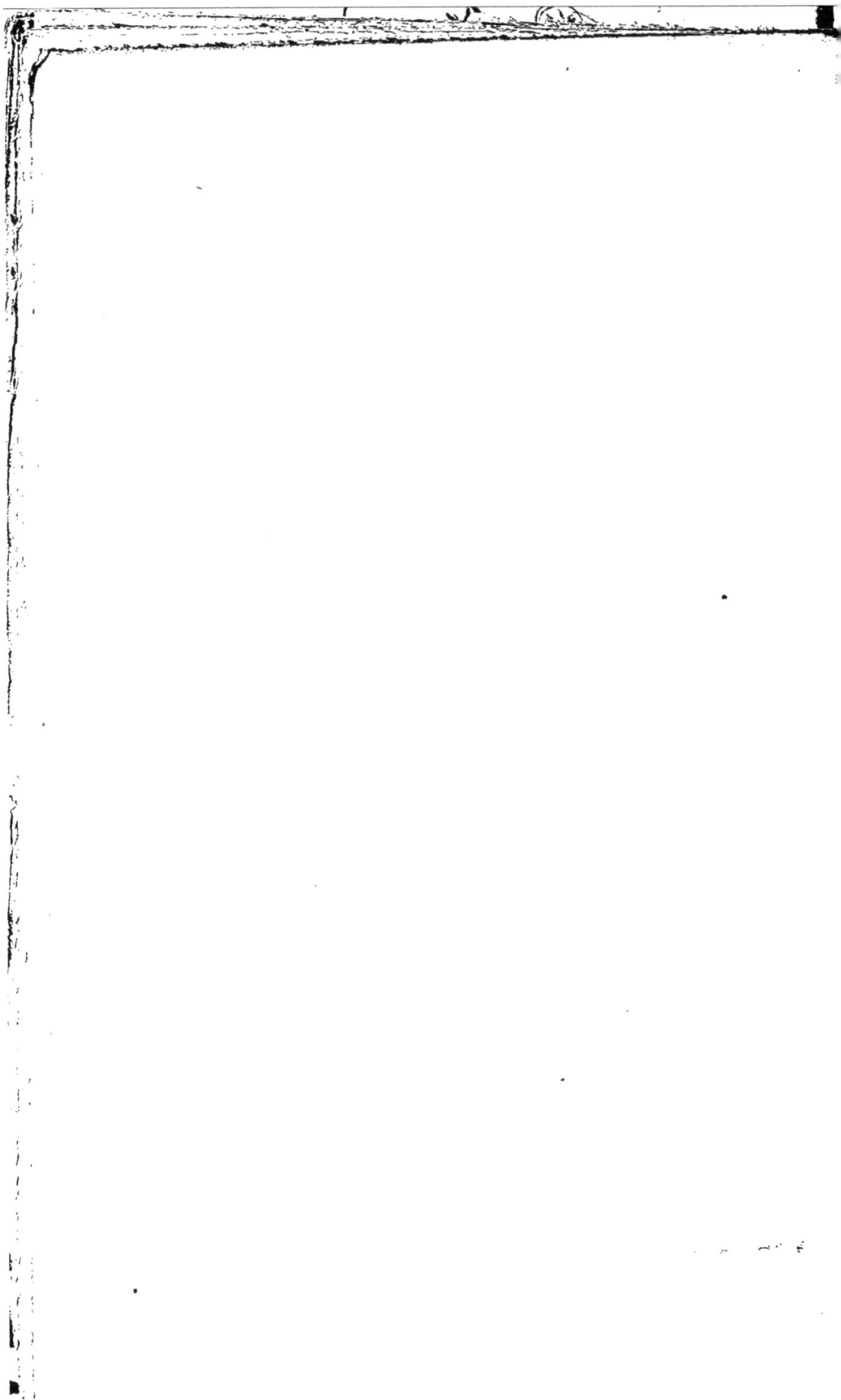

INSECTES.

I. LÉPIDOPTÈRES.

VER A SOIE ORDINAIRE. (Bombyx mori.)

Allemand : *Der Seidenwurm.* — Anglais : *The Silkworm.* — Espagnol :
El Gusano de seda. — Italien : *Il Baco da seta.*

Le ver à soie ordinaire est la larve (chenille) d'un lépidoptère nocturne, originaire de la Chine et des parties méridionales de l'Asie. Cette espèce, la plus précieuse de toutes, vit
exclusivement sur le mûrier, et produit la soie que tout le
monde connaît.

C'est au sixième siècle, sous le règne de Justinien, que deux
moines parvinrent à apporter cet insecte du fond de l'Asie à
Constantinople. Depuis, les Maures l'importèrent sur les côtes
d'Afrique et de là en Espagne, vers le neuvième siècle. Ro-
ger, roi de Sicile, l'introduisit au douzième siècle dans son
royaume ainsi que l'arbre qui lui servait de nourriture. L'é-
ducation du ver à soie et la culture du mûrier se propagè-
rent en Italie, et au commencement du quatorzième siècle,
le pape Clément V l'apporta à Avignon, où le premier mûrier
fut planté et d'où il se répandit dans tout le Dauphiné. Plus
tard elles s'étendirent à la Touraine. Sous Henri IV, on vit des
mûriers dans le jardin des Tuileries, où Sully avait établi une
magnanerie qui fut abandonnée après quelque temps. Depuis
lors, cette industrie s'est propagée dans toutes les contrées

8

tempérées de l'Europe, pour plusieurs desquelles elle est aujourd'hui une immense source de prospérité.

La soie était connue des Romains, qui la tiraient de l'Inde ; mais elle était fort rare et se payait au poids de l'or.

Le ver à soie est devenu entièrement domestique, même dans les pays d'où il est originaire. On l'élève dans des établissements qu'on appelle *Magnaneries*. Les œufs éclosent au printemps. Les chenilles, d'abord très-petites, grossissent rapidement, et, après avoir changé quatre fois de peau, se filent un cocon où elles se renferment pour se transformer en chrysalides, et d'où, au bout d'un certain temps, elles sortent à l'état de papillons qui, à leur tour, donnent de nouveaux œufs. La soie n'est autre chose que les fils dont sont formés ces cocons, que l'on dévide au moyen de certaines machines.

VER A SOIE DE L'AILANTE. (Bombyx cynthia vera.)

Cette belle et grande espèce est indigène des régions tempérées de la Chine, où elle vit sur l'ailante glanduleux, vulgairement appelé vernis du Japon, et sur plusieurs autres végétaux : car elle n'est pas exclusive comme le ver à soie ordinaire. Elle est cultivée depuis très-longtemps par les Chinois, et toujours à l'air libre. Elle produit des cocons allongés d'une couleur rougeâtre, que les Chinois parviennent, assure-t-on, à dévider, mais dont ils font habituellement une bourre de soie très-analogue à celle que donnent en France les cocons percés du ver à soie ordinaire. On en fait en Chine des tissus très-forts et presque inusables, nommés *Siao-Kien*, dont s'habillent les gens de classes pauvre et moyenne.

Ce ver à soie a été introduit pour la première fois en Europe par le P. Fantoni, en 1857, et en France, en 1858, par M. Guérin-Meneville, qui est parvenu à le faire reproduire parmi nous. Les premières éducations sont dues à Mme Drouyn de Lhuis, à M. Année et M. Vallée. L'année dernière, le même M. Guérin-Méneville en a fait une éducation à l'air libre au bois de Boulogne, laquelle, malgré le mauvais temps,

n'a rien laissé à désirer. La plus grande éducation industrielle de ce précieux insecte est due à M. le comte de La-
motte-Baracé. Elle a été répétée deux fois, avec un plein succès, à son château de Coudray, près Chinon. Enfin, S. M.
l'Empereur, informé de la réussite de ces divers essais, a
ordonné de les reprendre sur une grande échelle à son do-
maine de Lamotte-Beuvron.

VER A SOIE DU RICIN. (Bombyx arrindia.)

Le ver à soie du ricin est propre au Bengale et à une grande
partie de l'Inde anglaise, où il vit à l'état sauvage et domestique sur le ricin commun, et, comme le précédent, sur plusieurs autres végétaux. C'est à M. Piddington qu'on en doit
l'introduction en Europe. Après plusieurs efforts infructueux,
il est parvenu à faire arriver à Malte, il y a quelques années,
un certain nombre de cocons vivants, qui furent remis au
directeur de l'île, M. William Reid. Ce dernier, par des soins
éclairés, obtint la naissance des papillons, la ponte, l'éclosion des œufs, et enfin une éducation complète des jeunes
vers. De Malte, cet insecte fut envoyé en Italie à M. Baruffi,
qui en fit don à la Société impériale zoologique d'acclimatation. Grâce à M. Guérin-Méneville et aux soins de M. Vallée, l'expérience réussit si bien, en 1857, que la Société put
distribuer, tant en France qu'à l'étranger, environ 25,000
œufs, et qu'il lui restait encore près de 2,000 cocons vivants.

Transporté aux îles Canaries, le ver à soie du ricin a parfaitement réussi entre les mains de M. le comte de la Véga,
qui a envoyé en France près de cinquante kilogrammes de
ces cocons pour être utilisés. M. Hardy, à Alger, a fait aussi
plusieurs éducations sur une grande échelle ; enfin, introduit
au Brésil, à Pernambuco, par les soins de la Société d'acclimatation, et remis à M. Brunet, il a prospéré au point de
faire regarder son acclimatation comme complète.

Les cocons que fournit cette espèce offrent, comme ceux
de la précédente, de grandes difficultés au dévidage, qui,
cependant, s'obtient certainement dans son pays natal. Ils

fournissent une bourre que l'on file comme de la filoselle, et dont on fait des tissus peu brillants, mais d'une grande souplesse et d'un très-bon usage.

MÉTIS DU VER DU RICIN ET DE L'AILANTE.

Ces métis, très-curieux surtout sous le rapport de l'étude des races, ont été obtenus en France par M. Guérin-Méneville et par M. Vallée. Une observation très-digne de remarque, c'est que, à la première génération, ces métis participent beaucoup plus des caractères généraux des vers de l'ailante que de ceux du ricin. Ils sont féconds entre eux, et leurs produits deviennent alors très-variables sous le rapport des formes, de la taille et de la couleur. Tantôt ils se rapprochent plus d'un type que de l'autre, et d'autrefois les caractères de chacun s'y retrouvent presque également.

VER A SOIE DU CHÊNE. (Bombyx Pernyi.)

Cette espèce vit à l'état sauvage, et est cultivée dans les parties froides de la Chine, principalement dans la Mandchourie. Elle a été envoyée, il y a environ dix ans, pour la première fois à Lyon, par le P. Perny, aujourd'hui évêque de Canton ; elle l'a été aussi, vers la même époque, par M. de Montigny.

La Société d'acclimatation possède, grâce au même M. de Montigny, les chênes sur lequel il vit en Chine.

VER A SOIE TUSSAH. (Bombyx mylitta.)

Ce ver à soie, qu'il serait tant à désirer de voir s'acclimater dans nos contrées, vit sauvage au Bengale et dans toutes les parties chaudes de l'Inde, dans les bois où les habitants vont recueillir ses cocons, remarquables par leur volume et leur forme ovoïde. La nourriture qu'il paraît préférer sont les feuilles du jujubier indien (*zyziphus jujuba*), mais il mange aussi d'autres végétaux.

C'est en 1829 que M. Lamarre-Picquot envoya en France

les premiers cocons de ce magnifique lépidoptère. Dans une note lue à l'Académie des sciences, cet infatigable voyageur appela alors l'attention sur son utilité. En 1856 et depuis, M. Perrotet a fait, de Pondichéry, plusieurs envois de cocons vivants. Les vers furent nourris parfaitement avec les feuilles du chêne commun et produisirent des cocons; mais malheureusement les mâles refusèrent absolument de s'accoupler et on ne put avoir de reproduction.

Le cocon du ver à soie tussah produit une soie grège, très-belle et très-forte qui, dans l'Inde, porte le nom de *Tussah* et dont on fait une foule d'étoffes très-solides et très-brillantes; elle entre dans la fabrication des foulards nommés *Corahs*, et on en importe en Europe des quantités considérables.

VER A SOIE CECROPIA. (BOMBYX CECROPIA.)

Cette espèce, propre aux régions tempérées de l'Amérique du Nord, se trouve principalement dans les Carolines, la Louisiane et la Virginie. Elle vit sauvage sur l'orme, le saule et plusieurs autres arbres. Elle fait un gros cocon, à tissu lâche, formé d'une soie assez grossière, comparable à celle du grand-paon. Ce sont MM. Audouin et Lucas qui, en 1840, firent connaître ce ver, dont ils avaient reçu des cocons vivants. Depuis cette époque, la Société impériale zoologique d'acclimatation a reçu deux envois de ces cocons. Le premier ne donna aucun résultat. Le second, tout récent et dû à M. de Lavallée, a produit, à la magnanerie du Jardin et au Muséum d'histoire naturelle, des vers qui se sont parfaitement développés et ont donné de très-beaux cocons.

VER A SOIE SAUVAGE DU JAPON.

Sous la simple dénomination de vers sauvages, *yama-maï*, M. Duchesne de Bellecourt, consul de France à Yédo, a envoyé une certaine quantité de graines d'un ver à soie inconnu jusqu'ici. Ces graines, remises à M. Vallée, à la ménagerie des reptiles, au Muséum d'histoire naturelle, ont donné, le 15 mars de cette année, des vers qui refusèrent toute espèce de nourriture et qui n'acceptèrent que les feuilles du chêne cuspidé, et que l'on continua ensuite à nourrir avec celles de plusieurs autres espèces du même genre. Cette chenille ne paraît pas avoir besoin d'une grande chaleur, et s'est montrée vigoureuse et facile à élever; son cocon, d'un jaune verdâtre, est construit comme ceux du ver à soie ordinaire et peut se dévider en belle soie grège.

M. Guérin-Méneville regarde cette espèce comme nouvelle, et propose de la nommer ver à soie yama-maï (*Bombyx yama-maï*).

II. HYMÉNOPTÈRES.

ABEILLE MELLIFIQUE. (APIS MELLIFICA.)

Allemand : *Die Honigbiene.* — Anglais : *The Honey-bee.* — Espagnol :
La Aveja. — Italien : *L'Ape.*

Ce précieux insecte est propre à l'Europe et au nord de
l'Afrique. Il existe aussi en Amérique, mais il y a été importé
d'Europe. Réduit en une sorte de domesticité depuis des
temps très-reculés, on le trouve encore à l'état sauvage dans
nos grandes forêts, où il vit en sociétés nombreuses dans les
arbres creux et dans les anfractuosités des rochers. A l'état
domestique, il habite des demeures préparées pour lui, et
qu'on appelle *ruches.*

Les sociétés ou colonies que forment les abeilles sont
composées de trois sortes d'individus : les mâles nommés
faux-bourdons, au nombre de quelques centaines ; une
femelle appelée *reine*, et les *neutres* ou ouvrières, dont
le nombre varie suivant l'importance de la ruche et s'élève
souvent à plusieurs milliers. La reine est toujours unique
dans chaque colonie, et si, par hasard, il s'en trouve deux
ou plusieurs, des combats ont lieu, dans lesquels les plus faibles succombent, de manière qu'il ne reste jamais qu'un
chef absolu.

Cette reine est l'objet des soins des ouvrières, qui l'accom-
pagnent partout et la nourrissent avec la plus grande sollici-
tude. Les faux-bourdons ne servent qu'à féconder la femelle
unique, et meurent après avoir rempli leur mission. Les ouvrières, enfin, sont chargées de tous les travaux de la ruches, construisent les rayons, recueillent le miel dont elles
les remplissent, et nourrissent les jeunes larves. Ces dernières,
arrivées à l'état d'insectes parfaits, quittent la ruche et vont,
sous la conduite d'une reine née avec elles, former une nouvelle colonie. C'est ce qu'on appelle un *essaim*, que l'on re-

cueille et que l'on place dans une autre ruche, où il s'installe aussitôt. Chaque ruche donne deux ou trois essaims par an.

Le miel et la cire produits par ces insectes sont l'objet d'un commerce fort important dans plusieurs de nos départements.

ABEILLE JAUNE DES ALPES. (Apis ligustica.)

Cette espèce, qui ne diffère guère de la précédente que par la couleur jaune des anneaux supérieurs de l'abdomen, dont l'extrémité est aussi plus pointue, se trouve dans les Alpes suisses et italiennes, en Lombardie, et abonde surtout dans la Valteline. Depuis quelques années, on s'occupe beaucoup de sa propagation en Allemagne, et on l'a même transportée aux États-Unis.

Cette abeille, dont le vol est moins bruyant que celui de la nôtre, est aussi plus douce, et, quoique très-facile à irriter, s'apaise beaucoup plus aisément ; enfin, elle passe pour butiner plus activement, et pour donner une plus grande proportion de miel.

Le rucher, établi récemment au Jardin, l'a été sous l'habile direction de M. Amette, professeur d'apiculture au Luxembourg.

VÉGÉTAUX.

Liste des principales plantes utiles et d'ornement existant au Jardin d'acclimatation:

DONATEURS.	NATURE.	FAMILLE.	PATRIE.
M. Leroy	1 Sequoia gigantea.	Conifère.	Californie.
	1 Cedrus deodara.	—	Asie centrale.
	1 Cedrus deodara viridis.	—	Népaul.
	1 Cedrus deodara robusta.	—	Himalaya.
	1 Thuia gigantea.	—	Amérique sept.
	1 Cephalotaxus Fortunei.	—	Chine.
	1 Cephalotaxus pedunculata.	—	Japon.
	1 Thuiopsis boréal.	—	Europe septent.
	Une collection d'arbustes à feuilles persistantes.		
M. Paillet..........	2 Sequoia gigantea.	Conifère.	Californie.
	2 Pinus excelsa.	—	Himalaya.
	2 Pinus ponderosa.	—	Amérique sept.
	2 Thuia gigantea.	—	Amérique sept.
	2 Rhamnus tinctorius.	Rhamnées.	Europe mérid.
S. E. Vefick-Effendi, ambassadeur de Turquie.	4 Platanus orientalis.	Platanées.	Turquie.
	2 Cerisiers de Turquie.	Rosacées.	Asie.
M. Roehn..........	Plantes alimentaires récoltées dans ses voyages.		
Ville de Paris	Diverses plantes d'ornement.		
M. Daudin	1 Araucaria excelsa.	Conifères.	Ile de Norfolk.
	1 Podocarpus elongata.	—	Du Cap.
	1 Malva umbellata.	Malvacées.	Nouv.-Espagne.
M. Hardy d'Alger....	Collections de batates, ignames et autres.		
M. Bossin..........	500 Amaryllis jaunes.	Amaryllidées.	Europe mérid.
M. d'Ounous..........	Collections d'arbres fruitiers du midi de la France.		
I. Aiguillon.......	Quercus macrocarpa.	Quercinées.	Amérique sept.
	Différentes graines d'arbres.		
I. Moquin Tandon ...	1 Ilex aquifolium.	Ilicinées.	Europe.
	1 Ilex balearia.	—	Ile Minorque.
	1 Abies pinsapo.	Conifère.	Espagne.
	1 Picea kutrow.	—	Himalaya.
	1 Cupressus fastigiata.	—	Ile de Candie.
	1 Biota orientalis.	—	Chine.
	1 Pinus excelsa.	—	Himalaya.
	1 Taxus bacchata.	—	Europe centrale.
	1 Evonymus verrucosus.	Célastrinées.	Autriche.
	1 Evonymus latifolius.	—	Europe centrale.
	1 Cratœgus glabra.	Rosacées.	Japon.
	1 Calicanthus florida.	Calycanthées.	Amérique sept.
	1 Chinomanthus fragrans.	—	Japon.

DONATEURS.	NATURE.	FAMILLE.	PATRIE.
M. MOQUIN TANDON.....	1 Buxus balearica.	Euphorbiacées.	Europe mérid.
	1 Pavia macrostachia.	Hippocastanées.	Amérique sept.
	1 Cornus alba.	Cornées.	Amérique sept.
	1 Garrya elliptica.	Garryacées.	Californie.
	1 Jasminum nudiflorum.	Jasminées.	Chine.
	1 Juglans heterophylla.	Juglandées.	Perse.
	1 Evonymus japonicus.	Célastinées.	Japon.
	1 Sequoia sempervirens.	Conifère.	Californie.
	1 Liquidambar styraciflua, et beaucoup d'autres.	Balsamifluées.	Amérique sept.
M. NOURRIGAT	15 Morus japonica à feuilles cordiformes.	Morées.	Japon.
	15 Morus japonica à feuilles lobées.	Morées.	Japon.
M. BIETRIX-SEONEST....	1 Noyer mayet. 1 Noyer franquet. Ces deux variétés sont greffées sur Juglans regia.	Juglandées.	Perse.
M. LEDRUN-VERNEUIL...	15 Orangers.	Aurantiacées.	Chine.

Outre ces végétaux utiles ou d'ornements, placés dans les diverses parties du Jardin, et portant tous une étiquette indiquant leur nom et leur patrie, on a cultivé cette année, dans un jardin d'essai établi pour expérimenter les graines et plantes que des relations avec le monde entier procurent à la Société, quelques plantes remarquables par leur utilité, et sur lesquelles nous croyons devoir appeler un moment l'attention.

Les principales sont :

Le SORGHO BLANC ou DOURA (*Holcus cernuus*), donné par M. le baron Larrey. Cette plante de l'Afrique occidentale est cultivée par les peuplades nègres, et ses graines très-abondantes servent à la nourriture de l'homme et de la volaille. C'est aussi un excellent fourrage. La plante s'est bien développée ; mais les graines n'ont pas mûri.

Le SORGHO SUCRÉ (*Holcus saccharatus*), bien connu aujourd'hui, et remarquable par le sucre qu'il donne et l'alcool qu'on obtient de son suc.

Plusieurs espèces et variétés de MAÏS (*Zea maïs*), dont une principalement, donnée par le maréchal Santa-Cruz, se fait remarquer par ses dimensions gigantesques. Elle provient de la Bolivie, et l'on assure que son grain est très-sucré et d'une saveur plus agréable que celui de tous les autres maïs. Malheureusement, il a été semé trop tard et ne donnera pas de fruits.

Le MIL DE QUITO OU QUINOA (*Chenopodium quinoa*), plante herbacée de la Cordillère des Andes, cultivée dans le Haut-Pérou, et dont les graines farineuses servent à la nourriture de l'homme et des oiseaux de basse-cour qu'elle excite à pondre. Les feuilles tendres se mangent comme des épinards ; enfin, cette plante donne un fourrage très-recherché par le bétail.

L'OXALIDE CRÉNELÉE, variété ROUGE (*Oxalis crenata*, var. *rubra*), autre plante herbacée du Pérou, qui donne des tubercules nombreux, de la grosseur d'une noix et d'une saveur particulière et très-agréable.

Diverses espèces de POMMES DE TERRE (*Solanum tuberosum*) de l'Amérique du Sud, dont une, donnée par M. le maréchal Santa-Cruz, est remarquable par le volume de ses tubercules, qui contiennent une beaucoup plus grande quantité de fécule que les autres. Aucune de ces espèces n'a été attaquée de la maladie.

Une convolvulacée du Japon, désignée sous le nom de PATATE A SUCRE, qui donne de très-beaux tubercules qui contiennent, assure-t-on, une grande quantité de sucre.

Plusieurs IGNAMES DU CHILI, non déterminées, et dont les racines varient de forme et de volume. On n'est pas encore fixé sur la rusticité de ces plantes.

Divers HARICOTS, POIS et LENTILLES de l'Inde, dont les uns ont régulièrement fructifié et d'autres sont restés stériles.

La TÉTRAGONE ÉTENDUE (*Tetragonia expensa*), plante de la Nouvelle-Zélande, qui fournit un excellent légume, dans le genre de l'épinard, et qui a l'avantage de ne pas monter en graine et de végéter avec plus de vigueur, par la plus grande chaleur et par la sécheresse.

Un MELON DE SMYRNE, donné par Mᵐᵉ la princesse Belgioso, qui a très-bien végété, mais n'a pas donné de fruits en pleine terre. Sous chassis, cette plante a produit un petit melon allongé, à peau lisse, mais qui n'a pas suffisamment mûri pour en apprécier la saveur.

Le TABAC DU MARYLAND (*Nicotiana tabaccum*), remarquable par la beauté et la grande dimension de ses feuilles, dont quelques-unes ont atteint à un mètre de longueur. Si la qualité répond à l'abondance du produit, cette variété devrait être préférée à celles qui se cultivent en France.

Le NERPRUN UTILE (*Rhamnus utilis*), plante de Chine, introduite depuis quelques années en France, où elle semble prospérer, et d'une grande importance industrielle, car elle donne la couleur verte nommée *Lo-Kao*, autrement dit *vert de Chine*, presque inaltérable à l'air et à la lumière.

L'ÉRABLE A SUCRE (*Acer saccharinum*), donné par Mme de Montessui, arbre des plus intéressants de l'Amérique du Nord et principalement du Canada, dont la sève, recueillie à la fin de l'hiver, au moyen d'incisions faites au tronc, donne une assez grande quantité de sucre cristallisable. Le bois de cet érable est très-recherché dans l'industrie, et est regardé comme le meilleur pour le chauffage.

Le CHÊNE A FEUILLES DE CHATAÎGNIER (*Quercus castaneifolia*) propre à l'Asie centrale, et dont les feuilles servent de nourriture au ver à soie du chêne (*Bombyx Pernyi*).

Les EUCALYPTUS GLOBULEUX (*Eucaliptus globulus*), EUCALYPTUS ODORANT (*Eucolyptus odorata*), et un autre encore indéterminé, arbres de l'Australie, d'une végétation rapide, d'un port agréable, et dont le bois très-dur est précieux pour les constructions. Ces plantes réussissent très-bien dans le midi de la France ; mais, sous notre latitude, des expériences se poursuivent pour s'assurer si elles résisteront en pleine terre.

Le PALMIER ÉLEVÉ (*Chamœrops excelsa*) qui est propre à la Chine. Il paraît susceptible de résister à nos plus plus grands froids ; car ceux du Jardin ont passé l'hiver dernier sans autre abri qu'un léger chapeau de paille, destiné seulement à les abriter de la neige. Ce serait un charmant arbre d'agrément.

TABLE ALPHABÉTIQUE DES MATIÈRES

CONTENUES DANS CE VOLUME.

Avertissement.. 5
Société impériale zoologique d'acclimatation....................... 7
Dames patronnesses du Jardin d'acclimatation du Bois de Boulo-
gne.. 11
Notice sur le Jardin zoologique d'acclimatation.................... 15

Abeille jaune des Alpes.....	140	Canard de la Caroline	118
— mellifique.........	139	— domestique..........	119
Agami....	93	— — *variété* d'Aylesbury.	121
Agouti...................	50	— — blanc huppé,......	Ib.
Algazelle................	38	— — de Hollande......	Ib.
Antilope Edmi............	39	— — Labrador........	Ib.
— Gazelle..........	38	— — mignon blanc......	Ib.
— Isabelle........	39	— — mignon gris..	Ib.
— Leucoryx........	38	— — pingouin.........	Ib.
— Nilgau........ ...	39	— — polonais huppé. ..	Ib.
— de Sœmmerring..	Ib.	— — polonais ordinaire.	Ib.
Autruche d'Afrique........	123	— de Rouen....	Ib.
— d'Amérique.......	124	— sabreur..	Ib.
AQUARIUM...............	129	— Kasarka...........	117
Barge marbrée ordinaire...	102	— mandarin..........	119
— rousse............	Ib.	— Milouin.............	115
Bernache du Magellan. ...	113	— Morillon.	114
— ordinaire........	112	— Pilet..............	115
— des Sandwich. ..	113	— Plombière de la Chine..	119
Bihoreau ponacre..........	97	— siffleur...	114
Bœuf à bosse.............	41	— Tadorne......... ..	116
— — race naine........	Ib.	Casoar de la Nouvelle-Hol-	
— — race du Sénégal.....	Ib.	lande..................	126
— — grande race du Sou-		Céréope cendré..	114
dan.............	Ib.	Cerf d'Algérie............	33
— domestique..........	40	— d'Aristote...........	Ib.
— — race sans cornes....	Ib.	— Axis............ ..	35
— à queue de cheval.....	42	— des bois............	36
— — race blanche.......	Ib.	— de Bornéo	34
— — race noire sans cornes.	Ib.	— cochon....	Ib.
Buffle de Valachie........	43	— commun...........	33
Canard de Bahama........	119	— des plaines	35
— de Barbarie..........	121	— de Virginie..	36
— à bec rouge..........	117	Chamois,............... .	37

9

Chêne à feuilles de châtaignier.	144
Cheval domestique.	25
— — race naine de Java.	Ib.
— — — des îles Shetland.	Ib
Chèvre d'Angora.	45
— d'Egypte.	44
— du Sénégal.	Ib.
Cigogne blanche.	97
— noire.	98
Colin de Californie.	66
— Houi.	65
Colombe Cora.	62
— grivelée.	61
— Labrador.	Ib.
— Longhup.	62
— Lumachelle.	60
— Tourtelette.	62
Colombi-Galline à cravate noire	62
— poignardée.	63
— roux-violet.	Ib.
Combattant.	102
Courlis vulgaire.	101
Cravant.	112
Cygne à col noir.	108
— domestique.	107
— noir.	108
Daim ordinaire.	37
Daman du Cap.	29
Daw.	26
Dindon domestique.	87
— — variété blanche.	88
— — cuivrée panachée.	Ib.
— — grise.	Ib.
— — rouge.	Ib.
Doura.	142
Dromée.	126
ÉCHASSIERS.	90
EDENTÉS.	54
Erable à sucre.	144
Eucalyptus globuleux.	Ib.
— odorant.	Ib.
Euplocôme de Cuvier.	71
— mélanote.	Ib.
Faisan argenté.	70
— à collier.	69
— doré de la Chine.	Ib.
— versicolore.	Ib.
— de Wallich.	70
Faucon ordinaire.	59
Flammant.	102
Foulque ordinaire.	104
Francolin criard.	67
GALLINACÉS.	60
Ganga cata.	67
Goëland à manteau bleu.	105
— à manteau noir.	104
Grue cendrée.	95
— couronnée.	94
— de Numidie.	Ib.
Guanaco.	30
Haricots de l'Inde.	143
Hémione.	26
Héron commun.	95
— pourpré.	96
Hocco Alector.	84
— à barbillons.	85
— fasciolé.	Ib.
— globicère.	Ib.
Huîtrier vulgaire.	92
HYMÉNOPTÈRES.	139
Ibis rouge.	100
— sacré.	Ib.
Ignames du Chili.	143
INSECTES.	133
Isard.	37
Kangurou de Bennett.	55
— de Derby.	Ib.
— à moustaches.	Ib.
— robuste.	Ib.
Lama.	30
— sauvage.	Ib.
Lapin domestique.	52
— — anglais.	53
— — — gris.	Ib.
— — — jaune et blanc.	Ib.
— — anglo-russe.	Ib.
— — angora blanc.	Ib.
— — — bleu.	Ib.
— — — jaune.	Ib.
— — — noir et blanc.	Ib.
— — cachemire blanc.	Ib.
— — belge gris.	Ib.
— de garenne.	52
Lentilles de l'Inde.	143
LÉPIDOPTÈRES.	133
Lièvre commun.	52
Lophophore resplendissant.	71
Maïs.	142
MAMMIFÈRES.	25
Marabout.	99
MARSUPIAUX.	55
Melon de Smyrne.	143

Métis d'hémione et d'ânesse. 27
— de ver à soie du ricin
et de l'ailante.. ... 136
— d'yak et de vache domestique.............. 42
Mil de Quito.......... 143
Mouette ordinaire.......... 105
— rieuse............. Ib.
Mouflon de Corse.......... 46
— à manchettes....... Ib.
Mouton de Caramanie. 49
— hongrois........... 50
— morvan............. 49
— mérinos Graux de
Mauchamp....... 48
— — Naz. 47
— nain de Crimée...... 48
— romain 50
— de Siebenburg........ Ib.
— de Tunis............. 49
— de l'Yémen.. .... Ib.
Nandou................... 125
Nerprun utile............. 144
Oie armée................ 111
— du Canada........... Ib.
— du Danube........... 110
— domestique. 109
— de Gambie. 111
— de Guinée............ 110
— rieuse.............. 109
OISEAUX................ 59
Outarde (grande)........ 90
— cane-pétière. 91
Oxalide crénelée rouge..... 143
Paca fauve............ 50
PACHIDERMES........... 25
Palmier élevé............ 144
PALMIPÈDES.. 104
Paon du Japon. 86
— ordinaire.......... 85
Patate à sucre............ 143
Pauxi Mitu............... 85
Pécari à collier........... 28
Pélican blanc.......... 106
Pénélope à tête blanche..... 83
— marail.......... . Ib.
Perdrix Bartavelle......... 63
— Gambra. 64
— grise............. 63
Phascolome à front large... 57
— Wombat....... Ib.
Pigeon brésilien. 60

Pigeon capucin........ .. . Ib.
— à cravate........ .. Ib.
— frisé.. .... Ib.
— étourneau à tête
pleine........ ... Ib.
— heurté........... . Ib.
— à manteau bleu..... Ib.
— Montauban........ Ib.
— à queue de paon.... Ib.
— romain........... Ib.
— russe rouge....... Ib.
— soie à queue de paon. Ib.
— tambour........... Ib.
— volant chamois..... Ib.
Pigeons de volière. .... Ib.
Pintade.................. 88
Pommes de terre.......... 143
Pois de l'Inde.... 143
POISSONS............. .. 129
Poule domestique.......... 72
— race de Bentam 83
— — variété argentée... Ib.
— — citronnée........ .... Ib.
— — dorée............ Ib.
— race de Brahma-pootra. 81
— — variété inverse..... Ib.
— — ordinaire......... Ib.
— — de Bréda......... 76
— — variété blanche.... Ib.
— — noire........... . Ib.
— race de Bruges........ Ib.
— — campine.... 77
— — chinoise.. 82
— — cochinchinoise..... 79
— — de combat du Nord. 74
— — coucou d'Anvers... 83
— — de Crève-Cœur. ... 74
— — variété blanche.... Ib.
— — bleue. .. .. Ib.
— — noire. .. .. Ib.
— — ordinaire......... Ib.
— race de Dorking...... 78
— — variété blanche ... Ib.
— — coucou........ .. Ib.
— — espagnole......... 79
— — de la Flèche...... 76
— — de Gueldres. 77
— — de Hambourg.... . Ib.
— — variété argentée... Ib.
— — dorée............ Ib.
—, — de Houdan........ 74
— — variété bleue...... 75

Poule race de Houdou..... *Ib*.
— — *variété* ordinaire . *Ib*.
— race de Java. 82
— — variété blanche.... *Ib*.
— — noire............ *Ib*.
— race malaise 78
— race nankin........... 79
— — variété blanche.... *Ib*.
— — coucou.......... *Ib*.
— — fauve........... *Ib*.
— — noire........... *Ib*.
— race du Mans... 73
— — de Padoue 75
— — variété argentée.... *Ib*.
— — blanche..... .... *Ib*
— — citronnée. ...... *Ib*.'
— — coucou.......... *Ib*.
— — dorée..... ...... *Ib*.
— — Padoue hollandaise. *Ib*
— — variété bleue.. .. *Ib*.
— — variété noire. . . *Ib*.
— race de la Réunion 78
— race Tamerlan........ 76
— race Walikiki. 81
— — variété blanche.... 82
— — bleue... . .... *Ib*.
— — fauve. .... *Ib*.
— — noire........... *Ib*.

Poule race négresse........ *Ib*.
Poules à tête de corneilles.. 76
Quinoa.... 143
RAPACES... 59
RONGEURS.... 51
RUDIPENNES.... 123
RUMINANTS.............. 30
Sorgho blanc... 142
— sucré............. 142
Spatule blanche.......... 99
Tabac du Maryland....... 144
Tapir d'Amérique.. 27
Tatou encoubert.......... 54
— hybride............ *Ib*.
Tétragone étendue 143
Tétras huppecol. 68
Vanneau commun........ 91
VÉGÉTAUX. 141
Ver à soie de l'ailante..... 134
— cécropia.. 137
— du chêne. 136
— ordinaire............ 133
— du ricin...._........ 135
— sauvage du Japon 137
— Tussah... 136
Vigogne. 31
Yak... 42
Zèbre de Burchell......... 26

Liste des principales plantes utiles et d'ornement existant au
    Jardin d'acclimatation 141

FIN DE LA TABLE ALPHABÉTIQUE.

AVIS.

L'Administration du Jardin peut mettre à la disposition du public des œufs et des sujets des espèces et races de *faisans, colins, poules, pintades, dindes, oies, paons, canards, cygnes*, etc., dont on voit les spécimens dans les divers parquets et qui sont indiquées dans ce livret. S'adresser au bureau de la direction, à droite, en entrant par la porte des Sablons.

L'Administration peut aussi livrer les produits des mammifères.

PARIS. — IMPRIMERIE DE SOYE ET BOUCHET

2, PLACE DU PANTHÉON, 2

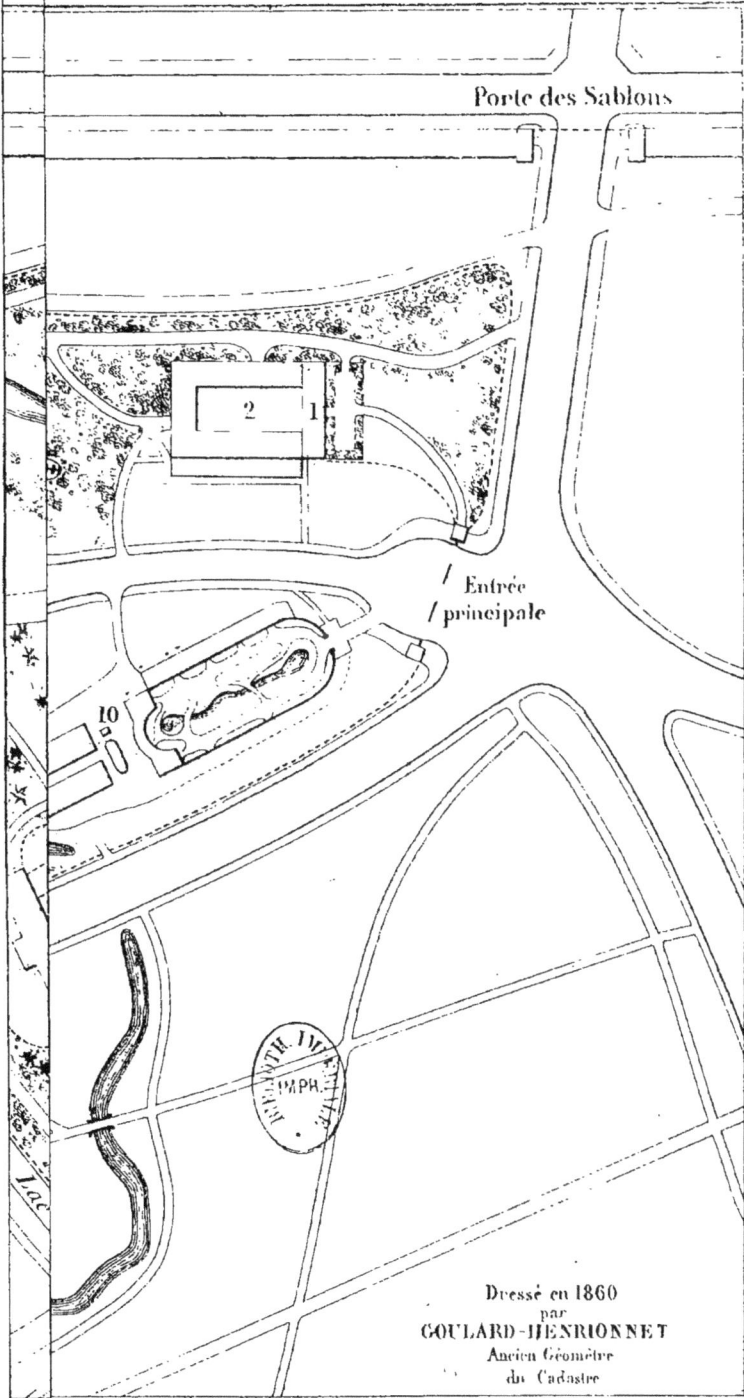

Porte des Sablons

2   1

Entrée
principale

10

Dressé en 1860
par
GOULARD-HENRIONNET
Ancien Géomètre
du Cadastre

Gravé par Erhard, R. Bonaparte 42.

PLAN DU JARDIN ZOOLOGIQUE D'ACCLIMATATION DU BOIS DE BOULOGNE.

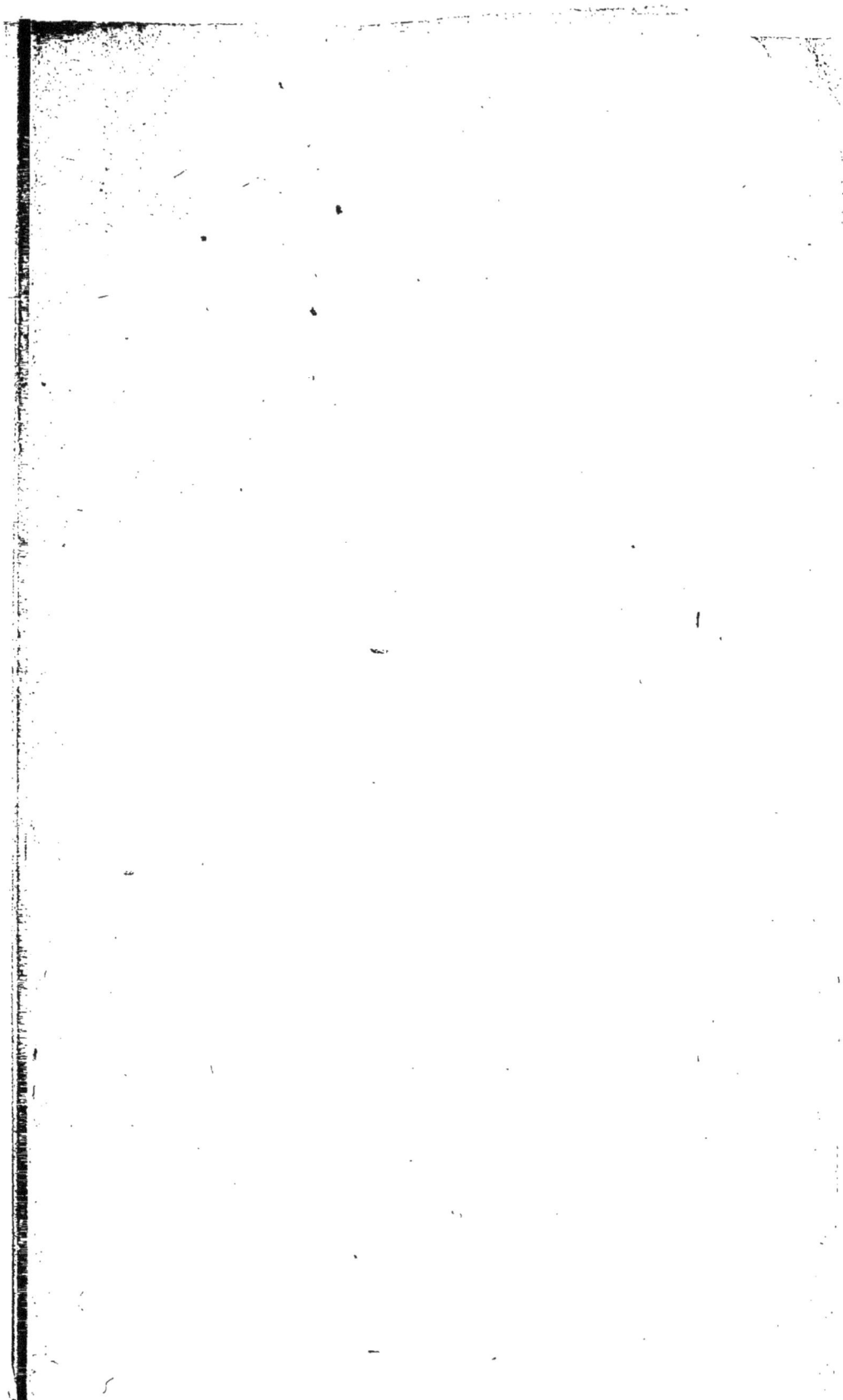

JARDIN ZOOLOGIQUE D'ACCLIMATATION

Entrées du Jardin.

1° Porte des Sablons, près de la porte Maillot et de l'avenue de l'Impératrice.

2° Porte de Neuilly, avenue de Neuilly.

Moyens de transport.

1° Le chemin de fer d'Auteuil, station de la porte Maillot et de l'avenue de l'Impératrice.

2° Les omnibus de Neuilly et de Courbevoie.

3° Les voitures de place et de remise, aux prix fixés par le tarif du bois de Boulogne (*les mêmes que pour l'intérieur de Paris*), sauf le droit de retour lorsqu'on quitte la voiture dans le bois de Boulogne.

Prix d'entrée.

En semaine.

Pour le Jardin zoologique et les serres, par personne. 1 fr. » c.

Les dimanches et jours de fête.

Pour le Jardin zoologique seulement .... » 50 c.
Supplément pour les serres...................... » 50 c.

Tous les jours.

Pour une voiture et sa livrée, non compris le droit d'entrée des personnes que contient la voiture...... 3 fr. » c.
Les personnes à cheval ne sont point admises à circuler dans le Jardin.

Réductions de prix pour les Lycées, Institutions, Pensions et Séminaires.

De 10 à 20 élèves............................... 50 c.
Au-dessus de 20................................ 25 c.

Entrées gratuites.

1° MM. les Actionnaires, qui doivent signer en passant au tourniquet, comme seul moyen de contrôle des entrées gratuites.

2° MM. les Membres de la Société impériale d'acclimatation, avec leurs cartes, dix fois par an, en outre des convocations générales.

3° Les enfants au-dessous de huit ans; chaque personne ne pouvant en introduire qu'un gratuitement.

Abonnements.

Une seule personne........................ 25 fr. par an.
Deux personnes........................... 40 —
Trois personnes.......................... 50 —
Pour une famille de plus de trois personnes, 5 fr. pour chaque personne au-delà des trois premières à ajouter au chiffre de 50 fr.
Abonnement des voitures : 60 fr. par an.

PARIS. — DE SOYE ET BOUCHET, IMPRIMEURS, PLACE DU PANTHÉON, 2.

www.ingramcontent.com/pod-product-compliance
Lightning Source LLC
Chambersburg PA
CBHW071849200326
41519CB00016B/4309